Sebastien Norsic

Traitement chimique des surfaces des alumines silicées

Sebastien Norsic

Traitement chimique des surfaces des alumines silicées

Application à l'hydrocraquage

Presses Académiques Francophones

Impressum / Mentions légales
Bibliografische Information der Deutschen Nationalbibliothek: Die Deutsche Nationalbibliothek verzeichnet diese Publikation in der Deutschen Nationalbibliografie; detaillierte bibliografische Daten sind im Internet über http://dnb.d-nb.de abrufbar.
Alle in diesem Buch genannten Marken und Produktnamen unterliegen warenzeichen-, marken- oder patentrechtlichem Schutz bzw. sind Warenzeichen oder eingetragene Warenzeichen der jeweiligen Inhaber. Die Wiedergabe von Marken, Produktnamen, Gebrauchsnamen, Handelsnamen, Warenbezeichnungen u.s.w. in diesem Werk berechtigt auch ohne besondere Kennzeichnung nicht zu der Annahme, dass solche Namen im Sinne der Warenzeichen- und Markenschutzgesetzgebung als frei zu betrachten wären und daher von jedermann benutzt werden dürften.

Information bibliographique publiée par la Deutsche Nationalbibliothek: La Deutsche Nationalbibliothek inscrit cette publication à la Deutsche Nationalbibliografie; des données bibliographiques détaillées sont disponibles sur internet à l'adresse http://dnb.d-nb.de.
Toutes marques et noms de produits mentionnés dans ce livre demeurent sous la protection des marques, des marques déposées et des brevets, et sont des marques ou des marques déposées de leurs détenteurs respectifs. L'utilisation des marques, noms de produits, noms communs, noms commerciaux, descriptions de produits, etc, même sans qu'ils soient mentionnés de façon particulière dans ce livre ne signifie en aucune façon que ces noms peuvent être utilisés sans restriction à l'égard de la législation pour la protection des marques et des marques déposées et pourraient donc être utilisés par quiconque.

Coverbild / Photo de couverture: www.ingimage.com

Verlag / Editeur:
Presses Académiques Francophones
ist ein Imprint der / est une marque déposée de
OmniScriptum GmbH & Co. KG
Heinrich-Böcking-Str. 6-8, 66121 Saarbrücken, Deutschland / Allemagne
Email: info@presses-academiques.com

Herstellung: siehe letzte Seite /
Impression: voir la dernière page
ISBN: 978-3-8381-4794-9

Zugl. / Agréé par: Poitiers, Université de Poitiers, 2006

Copyright / Droit d'auteur © 2014 OmniScriptum GmbH & Co. KG
Alle Rechte vorbehalten. / Tous droits réservés. Saarbrücken 2014

INTRODUCTION GENERALE 1

ETUDE BIBLIOGRAPHIQUE 5

1. L'HYDROCRAQUAGE 6
2. LES REACTIONS D'HYDROCRAQUAGE 6
   2.1 SCHEMA REACTIONNEL 6
   2.2 MECANISME SUR LES SITES METALLIQUES 7
   2.3 MECANISME SUR LES SITES ACIDES 8
     2.3.1. Les réactions d'isomérisation 8
     2.3.2. Les réactions de craquage 8
3. LES CATALYSEURS D'HYDROCRAQUAGE 9
   3.1 LA FONCTION ACIDE : L'ALUMINE-SILICEE 9
   3.2 LA FONCTION HYDRO-DESHYDROGENANTE : LES SULFURES DE NI ET W 16
4. CONCLUSION 21

PARTIE I : MODE D'ACTION D'UN CATALYSEUR NIW/ALUMINE SILICEE EN HYDROCRAQUAGE DU N-DECANE 23

1. INTRODUCTION 24
2. ACTIVITE TOTALE EN HYDROCRAQUAGE DU N-DECANE 24
3. SCHEMA REACTIONNEL 25
4. DISTRIBUTION DES PRODUITS 26
   4.1 DISTRIBUTION DES ISOMERES 26
   4.2 DISTRIBUTION DES PRODUITS DE CRAQUAGE 28
5. DISCUSSION 29

PARTIE II : EFFET DES TRAITEMENTS THERMIQUES DES ALUMINES SILICEES 35

CHAPITRE 1 : EFFET DE LA TEMPERATURE DE CALCINATION 37

1. INTRODUCTION 38
2. CARACTERISATIONS PHYSICO-CHIMIQUES DES SUPPORTS ET DES CATALYSEURS OXYDES 38
   2.1 SURFACE ET VOLUME POREUX 38
   2.2 DRX, MET ET RMN DES SUPPORTS 40
     2.2.1. Diffraction des Rayons X (DRX) 40
     2.2.2. Microscopie Electronique à Transmission (MET) 41
     2.2.3. Résonnance Magnétique Nucléaire (RMN) 42
   2.3 ACIDITE : IR/PYRIDINE 42
   2.4 SPECTROSCOPIE RAMAN 44
3. CARACTERISATIONS PHYSICO-CHIMIQUES DES CATALYSEURS SULFURES ... 44
   3.1 SPECTROSCOPIE PHOTOELECTRONIQUE A RAYONS X (XPS) 45
   3.2 MICROSCOPIE ELECTRONIQUE A TRANSMISSION (MET) 45
   3.3 ACIDITE : IR/CO 47
4. TESTS CATALYTIQUES 48
   4.1 HYDROCRAQUAGE DU N-DECANE 48

	4.1.1. Activités totales	48
	4.1.2. Sélectivités	48
4.2	ACTIVITES ISOMERISANTE ET HYDROGENANTE	49

5. DISCUSSION ... 50

CHAPITRE 2 : EFFET DE LA TEMPERATURE DE STEAMING ... 53

1. INTRODUCTION ... 54

2. CARACTERISATIONS PHYSICO-CHIMIQUES DES SUPPORTS ET DES CATALYSEURS OXYDES ... 54

2.1	SURFACE ET VOLUME POREUX	54
2.2	DRX, MET ET RMN DES SUPPORTS	56
	2.2.1. Diffraction des Rayons X (DRX)	56
	2.2.2. Microscopie Electronique à Transmission (MET)	57
	2.2.3. Résonance Magnétique Nucléaire (RMN)	57
2.3	ACIDITE : IR/PYRIDINE	58
2.4	SPECTROSCOPIE RAMAN	60

3. CARACTERISATION PHYSICO-CHIMIQUES DES CATALYSEURS SULFURES . 60

3.1	SPECTROSCOPIE PHOTOELECTRONIQUE PAR RAYONS X (XPS)	61
3.2	MICROSCOPIE ELECTRONIQUE A TRANSMISSION (MET)	61
3.3	ACIDITÉ : IR/CO	63

4. TEST CATALYTIQUES ... 64

4.1	HYDROCRAQUAGE DU N-DECANE	64
	4.1.1. Activités totales	64
	4.1.2. Sélectivités	64
4.2	ACTIVITES ISOMERISANTE ET HYDROGENANTE	65

5. EFFET DE LA TENEUR EN TUNGSTENE ... 65

5.1	SURFACE ET VOLUME POREUX	66
5.2	ACIDITE : IR/PYRIDINE	67
5.3	HYDROCRAQUAGE DU N-DECANE	67
5.4	SELECTIVITES	68
5.5	ACTIVITE HYDROGENANTE ET ACTIVITE ISOMERISANTE	68

6. DISCUSSION ... 69

PARTIE III : PROTECTION ET CREATION DE SITES ACIDES SUR ALUMINE SILICEE 71

CHAPITRE 1 : PROTECTION DES SITES ACIDES ... 72

1. INTRODUCTION ... 73

2. CARACTERISATION PHYSICO-CHIMIQUE DES CATALYSEURS NON SULFURES ... 73

3. CARACTERISATIONS PHYSICO-CHIMIQUES DES CATALYSEURS SULFURES 75

3.1	SPECTROSCOPIE PHOTOELECTRONIQUE DES RAYONS X (XPS)	75
3.2	MICROSCOPIE ELECTRONIQUE A TRANSMISSION (MET)	76
3.3	ACIDITÉ IR/CO	78
3.4	ANALYSE C,H,N,S	79

4. TESTS CATALYTIQUES ... 80

4.1	HYDROCRAQUAGE DU N-DECANE	80
4.2	ACTIVITE HYDROGENANTE	81
4.3	ACTIVITE ISOMERISANTE	82

5. DISCUSSION 83

CHAPITRE 2 : CREATION DE SITES ACIDES 85

1. INTRODUCTION 86

2. CREATION DE SITES ACIDES PAR DEPOT DE SILICIUM SUR CATALYSEUR A SUPPORT ALUMINE 86
   - 2.1 ACIDITE IR/PYRIDINE 86
   - 2.2 HYDROCRAQUAGE DU N-DECANE 87
     - 2.2.1. *Activité totale* 87
     - 2.2.2. *Sélectivités* 88
   - 2.3 ACTIVITE HYDROGENANTE 88
   - 2.4 ACTIVITE ISOMERISANTE 89

3. CREATION DE SITES ACIDES PAR DEPOT DE SILICIUM SUR CATALYSEUR NIW/S700 89
   - 3.1 ACIDITE IR/PYRIDINE 90
   - 3.2 HYDROCRAQUAGE DU N-DECANE 90
     - 3.2.1. *Activité totale* 90
     - 3.2.2. *Sélectivités* 91
   - 3.3 ACTIVITE HYDROGENANTE 91
   - 3.4 ACTIVITE ISOMERISANTE 92

4. DISCUSSION 92

PARTIE IV : DISCUSSION GENERALE 94

CONCLUSIONS GENERALES 109

PARTIE EXPERIMENTALE 112

1. TRAITEMENTS DES ALUMINES SILICEES 113
   - 1.1 CALCINATION 113
   - 1.2 STEAMING 113
   - 1.3 PROTECTION DES SITES ACIDES PAR ADSORPTION DE PYRIDINE 114
   - 1.4 DEPOT DE SILICIUM 115

2. PROTOCOLE D'IMPREGNATION DES SUPPORTS ALUMINE SILICEE 116

3. L'UNITE CATALYTIQUE 116
   - 3.1 CIRCUITS D'ALIMENTATION EN REACTIFS GAZEUX ET LIQUIDES 117
     - 3.1.1. *Alimentation en hydrogène* 117
     - 3.1.2. *Alimentation en réactifs* 118
   - 3.2 LE REACTEUR 118
   - 3.3 CIRCUITS D'ANALYSE ET DE RECUPERATION D'EFFLUENTS 119

4. TESTS CATALYTIQUES 119
   - 4.1 TEST D'HYDROCRAQUAGE DU N-DECANE 119
   - 4.2 TEST D'ACTIVITE ISOMERISANTE 120
   - 4.3 TEST D'ACTIVITE HYDROGENANTE 120

5. ANALYSES CHROMATOGRAPHIQUES 121
   - 5.1 HYDROCRAQUAGE DU N-DECANE, ISOMERISATION DU CYCLOHEXANE ET HYDROGENATION DU TOLUENE 121
   - 5.2 LES CHROMATOGRAMMES 121

6. CARACTERISATION PHYSICO-CHIMIQUE 124

6.1	MESURE DES SURFACES ET VOLUME POREUX	124
6.2	DIFFRACTION DES RAYONS X (DRX)	125
6.3	MICROSCOPIE ELECTRONIQUE A TRANSMISSION (MET)	126
6.4	RESONANCE MAGNETIQUE NUCLEAIRE (RMN)	127
6.5	SPECTROSCOPIE INFRA-ROUGE	127
6.5.1.	*Mesure de l'acidité par thermodésorption de pyridine suivie par IR*	*127*
6.5.2.	*Caractérisation de l'acidité et de la phase sulfure par adsorption de CO à froid suivie par IR*	*129*
6.6	SPECTROSCOPIE PHOTOELECTRONIQUE A RAYONS X (XPS)	131
6.7	SPECTROSCOPIE RAMAN	132
6.7.1.	*Attribution des bandes des spectres Raman des catalyseurs calcinés*	*132*
6.7.2.	*Attribution des bandes des spectres Raman des catalyseurs steamés*	*132*
6.7.3.	*Attribution des bandes des spectres Raman des catalyseurs traités à la pyridine*	*133*

ANNEXES 135

ANNEXE 1 : TABLEAUX RECAPITULATIFS DES RESULTATS OBTENUS SUR LES CATALYSEURS CALCINES 136

ANNEXE 2 : TABLEAUX RECAPITULATIFS DES RESULTATS OBTENUS SUR LES CATALYSEURS STEAMES 138

ANNEXE 3 : TABLEAUX RECAPITULATIFS DES RESULTATS OBTENUS SUR LES CATALYSEURS TRAITES A LA PYRIDINE 142

ANNEXE 4 : TABLEAUX RECAPITULATIFS DES RESULTATS OBTENUS SUR LES CATALYSEURS TRAITES PAR DEPOT DE SILICIUM 145

ANNEXE 5 : TABLEAUX RECAPITULATIFS DES RESULTATS DES ANALYSES XPS 150

REFERENCES BIBLIOGRAPHIQUES 152

Introduction Générale

L'hydrocraquage est un procédé catalytique très important pour l'industrie pétrolière, car il permet d'orienter la production de carburants en fonction de la demande du marché. En effet, à partir de charges variées allant des naphtas aux résidus sous vide, il peut conduire facilement au produit recherché, essence ou distillats moyens (kérosène, gazole). De plus l'hydrocraquage permet l'élimination des composés azotés et soufrés, ainsi qu'une hydrogénation profonde des aromatiques présents dans les charges. La demande croissante de distillats moyens en Europe et les normes environnementales de plus en plus sévères font donc de l'hydrocraquage un procédé stratégique dans les raffineries.

Les catalyseurs d'hydrocraquage sont bifonctionnels, associant une fonction hydro-déshydrogénante et une fonction acide. Les catalyseurs devant résister à l'empoisonnement par les composés soufrés et azotés présents dans les charges, la fonction hydro-déshydrogénante sera donc semblable à celle utilisée pour les catalyseurs d'hydrotraitement (hydrodésulfuration et hydrodésazotation) à savoir un mélange de sulfures de métaux de type molybdène ou tungstène promus par le nickel ou le cobalt.

C'est de la fonction acide du catalyseur que dépendra l'orientation de la production. En effet si l'essence est le produit recherché, il faudra favoriser les réactions de craquage de la charge en produits légers. La fonction acide devra être forte et sera généralement assurée par une zéolithe. En revanche pour une production optimale de gazole, il faudra privilégier l'isomérisation devant le craquage. La fonction acide devra donc être modérée, intermédiaire entre celle des zéolithes (mauvaise sélectivité en gazole) et celle des alumines (bonne sélectivité, mais peu actives). Des supports amorphes tels que les silice-alumines ou les alumines silicées semblent présenter ce niveau d'acidité.

L'objectif de notre travail était de mettre au point des catalyseurs d'hydrocraquage permettant de transformer de façon sélective les distillats sous vide en gazole, donc favorisant l'isomérisation devant le craquage. C'est pourquoi nous avons choisi de nous intéresser à des catalyseurs du type sulfures de nickel et tungstène déposés sur alumine silicée. Ce type de support est en effet encore assez mal connu, et pourrait se révéler plus intéressant que les supports silice-alumine déjà largement utilisés à l'échelle industrielle.

Nous présenterons dans ce mémoire l'effet de différents traitements du support alumine silicée sur l'activité et la sélectivité des catalyseurs d'hydrocraquage préparés par imprégnation de Ni et W sur ce support.

Les supports alumine silicée et les catalyseurs NiW/alumine silicée correspondants ont été caractérisés par de nombreuses méthodes physico-chimiques : surfaces spécifiques et volumes poreux, Microscopie Electronique à Transmission, spectroscopie Raman, spectroscopie infra-rouge de pyridine adsorbée, Diffraction des Rayons X. Les catalyseurs a l'état sulfuré ont également été caractérisés par spectroscopie infra-rouge de CO adsorbé, par XPS et par Microscopie Electronique à Transmission.

Les propriétés catalytiques des catalyseurs NiW/alumine silicée sulfurés ont été mesurées au moyen de la réaction modèle d'hydrocraquage du n-décane, réalisée dans des conditions le plus proches possible de celles utilisées industriellement : réacteur dynamique à lit fixe, pression d'hydrogène, présence dans la charge de composés soufrés et azotés. Dans les mêmes conditions, nous avons étudié l'isomérisation du cyclohexane afin d'évaluer l'activité isomérisante du catalyseur, et l'hydrogénation du toluène qui permet d'évaluer son activité hydrogénante.

Ce mémoire est divisé en quatre parties, précédées d'une étude bibliographique.

Dans la première partie, nous étudierons le mode de fonctionnement d'un catalyseur NiW/alumine silicée choisi comme catalyseur de référence. Le support est une alumine silicée contenant 40% de silice et 60% d'alumine, calcinée à 800°C avant l'imprégnation des métaux. Sur ce catalyseur, nous déterminerons la nature et la répartition des produits de transformation du n-décane dans les conditions standard d'hydrocraquage.

Dans la seconde partie, nous examinerons l'effet de traitements thermiques de ce même support alumine silicée, séché mais non calciné. Ces traitements seront soit une calcination soit un steaming (traitement thermique en présence d'eau).

Nous ferons tout d'abord varier la température de calcination entre 500 et 1000°C. Les différents supports seront ensuite imprégnés à iso teneur en nickel et tungstène par nm^2, et les catalyseurs obtenus seront testés en hydrocraquage du n-décane, isomérisation du cyclohexane et hydrogénation du toluène.

Dans un second temps, nous ferons varier la température de steaming entre 500 et 900°C. Comme dans le cas précédent, les supports steamés seront imprégnés à iso teneur en nickel et tungstène par nm^2 et testés en hydrocraquage du n-décane, isomérisation du cyclohexane et hydrogénation du toluène.

Dans la troisième partie, nous envisagerons la possibilité de protéger les sites acides des supports (calcinés ou steamés) avant l'imprégnation du nickel et du tungstène en adsorbant au préalable de la pyridine sur les sites acides.

Nous essaierons également de créer de nouveaux sites acides après l'imprégnation du nickel et du tungstène par dépôt de silicium sur les catalyseurs NiW/alumine silicée.

Dans la quatrième partie nous procéderons à une discussion générale sur l'effet des différents traitements sur les propriétés de surface des alumines silicées, des catalyseurs NiW/alumine silicée à l'état oxyde et finalement des catalyseurs NiW/alumine silicée sulfurés, et bien entendu sur les propriétés catalytiques de ces derniers : activité et sélectivité isomérisation/craquage en hydrocraquage.

Etude Bibliographique

1. L'HYDROCRAQUAGE

Il existe deux procédés d'hydrocraquage : "une étape " ou "deux étapes " [1, 2, 3, 4, 5, 6], dont l'apparition dépend du lieu et de l'époque. Quel que soit le procédé, deux étapes chimiques sont nécessaires : il faut d'abord réaliser un hydrotraitement profond, puis l'hydroconversion.

Dans le procédé "deux étapes", la première étape d'hydrotraitement permet de transformer de façon quasi-totale les molécules hydrocarbonées hétéro-atomiques en hydrocarbures et en H_2S et NH_3, ces derniers étant ensuite éliminés par simple séparation physique. Une distillation de l'effluent est alors effectuée et seule la fraction du résidu, très riche en molécules aromatiques, sera transformée sur un catalyseur d'hydroconversion bifonctionnel composé d'une fonction acide et d'un métal noble. Ce procédé permet d'obtenir majoritairement la coupe naphta.

Dans notre cas, la transformation des distillats sous vide en gazole fait appel au procédé "une étape ". La charge à traiter n'est plus un sous-produit issu d'une autre unité de conversion, désulfuré et désazoté, mais directement le distillat sous vide. Ce procédé présentera donc deux différences par rapport au procédé "deux étapes ". La première est que le catalyseur d'hydroconversion sera moins craquant. La deuxième différence découle de ce premier point : comme une activité craquante très élevée n'est pas nécessaire, l'action inhibitrice de NH_3 ne sera pas suffisamment importante pour qu'il soit nécessaire de l'éliminer entre les deux étapes.

2. LES REACTIONS D'HYDROCRAQUAGE

2.1 Schéma réactionnel

L'hydrocraquage des paraffines est une réaction bifonctionnelle qui se produit par une succession d'étapes chimiques [7] impliquant une fonction hydro-déshydrogénante (métaux ou sulfures) et une fonction acide, et d'étapes de transport entre ces sites.
Le rôle de la fonction hydro-déshydrogénante est de déshydrogéner les paraffines de la charge en oléfines qui vont s'isomériser et/ou se craquer sur la fonction acide, puis de réhydrogéner les iso-oléfines ou les oléfines légères ainsi formées (figure 1).

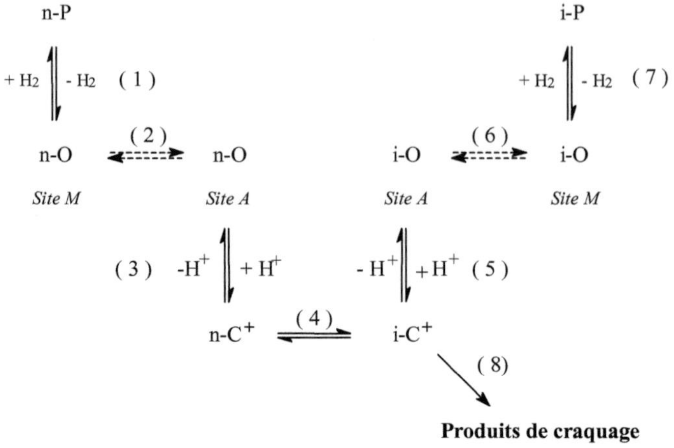

```
        n-P                                    i-P
      ↑↓                                     ↑↓
  +H₂ ‖ -H₂  (1)                         +H₂ ‖ -H₂  (7)
      ↓                                       ↓
            (2)                                   (6)
      n-O  ⇌  n-O              i-O  ⇌  i-O
     Site M      Site A          Site A      Site M

                     ↑↓              ↑↓
           (3)  -H⁺ ‖ +H⁺      -H⁺ ‖ +H⁺  (5)
                     ↓              ↓
                    n-C⁺  ⇌(4)⇌  i-C⁺
                                          ↘ (8)
                                   Produits de craquage
```

Figure 1 : Schéma réactionnel de l'hydrocraquage d'une n-paraffine sur un catalyseur bifonctionnel

Site A : Site acide ⟶ : étape chimique
Site M : Site métallique ┄┄▶ : étape de transfert
n-O : n-oléfine   n-P : n-paraffine
i-O : iso-oléfine   i-P : iso-paraffine
n-C⁺ : ion-carbénium   i-C⁺ : ion iso-carbénium

2.2 Mécanisme sur les sites métalliques

La déshydrogénation des paraffines (étapes 1) ou l'hydrogénation des oléfines (étape 7) s'éffectuent soit sur des atomes métalliques (Pt, Pd, W, Mo…) soit sur des sulfures de métaux (CoMo, NiW…). Ces réactions peuvent se produire selon un mécanisme du type Horiuti Polanyi :

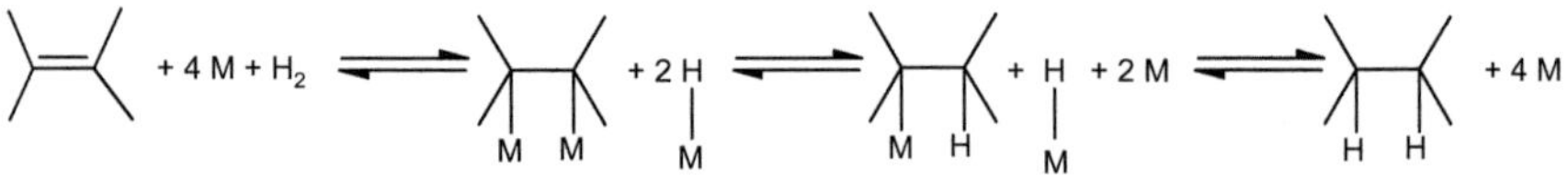

```
  ⟩=⟨  + 4M + H₂  ⇌  ⟩–⟨      + 2H  ⇌  ⟩–⟨     + H + 2M  ⇌  ⟩–⟨      + 4M
                     M  M       M         M H      M           H  H
```

M : site métallique

2.3 Mécanisme sur les sites acides

Les réaction se produisant sur les sites acides font intervenir des ions carbéniums formés par addition d'un proton aux oléfines résultant de la déshydrogénation des alcanes sur les sites métalliques. Ces ions pourront subir diverses réactions notamment des réarrangements de squelette (isomérisation) et des coupures (craquage).

2.3.1. Les réactions d'isomérisation

On peut distinguer deux types de réaction d'isomérisation :
Mécanisme de type A- Isomérisation sans changement de la longueur de la chaîne, par saut d'alkyle

La vitesse de ce réarrangement est d'autant plus grande que les ions carbéniums impliqués sont plus stables. On peut d'ailleurs estimer que l'isomérisation est infiniment lente si elle nécessite la formation d'un ion carbénium primaire. L'aptitude à migrer du groupe alkyle se fera préférentiellement comme suit : méthyle >> éthyle > butyle = propyle

Mécanisme de type B- isomérisation avec changement de la longueur de la chaîne, par l'intermédiaire de cyclopropanes protonés :

Le mécanisme de type A est beaucoup plus rapide que le mécanisme de type B.

2.3.2. Les réactions de craquage

Le craquage se produit par coupure de la liaison en position β de la charge des carbocations adsorbés (mécanismes de β scission). Il conduit à un carbocation plus petit qui se désorbe par capture d'ion hydrure, et à une oléfine qui s'hydrogène rapidement, soit :

Dans le cas d'un carbocation linéaire, la réaction est très lente car elle aboutit à un carbocation primaire très instable :

Par conséquent, les réactions de craquage s'effectuent préférentiellement sur des carbocations branchés, et se produise donc après l'isomérisation.

La vitesse de la réaction de craquage augmente avec le degré de substitution des carbocations, le maximum étant obtenu pour les carbocations tertiaire.

3. LES CATALYSEURS D'HYDROCRAQUAGE

La présence dans les distillats sous vide de soufre et d'azote impose comme fonction hydro-déshydrogénante une combinaison de sulfures de métaux des groupes VI (Mo ou W) et VIII (Ni ou Co).

Notre objectif étant de produire des distillats moyens, il est indispensable d'utiliser des catalyseurs d'acidité moyenne, intermédiaire entre celle des zéolithes (peu sélectives) et celle des alumines (trop peu actives). Le supports amorphes du type silice-alumine pourraient présenter une telle acidité. Dans notre étude la fonction acide sera apportée par une alumine silicée.

3.1 La fonction acide : l'alumine-silicée

Les alumines silicées se différencient des silice-alumines par leur méthode de préparation. Les silice-alumines sont préparés par coprécipitation d'une solution d'alumine avec une solution de silice, tandis que les alumines silicées sont obtenues en imprégnant une alumine avec une solution de silice.

La structure des silices-alumines a été étudiées par de nombreux auteurs[8, 9, 10, 11], qui ont permis de décrire la structure ainsi que les différents types de sites acides de Brönsted et de Lewis présents à la surface des silice-alumines.

Les silice-alumines ont été très étudiées en hydrocraquage. Des études ont montrées que des catalyseurs à base de platine [12, 13] ou de nickel tungstène [14, 15] sur silice-alumine, sont plus sélectif en isomérisation que les zéolithes. Ce résultats est expliqué par trois facteurs, qui sont, une acidité de Brönsted moyenne, une distribution des pores centrée sur la région des mesopores ainsi qu'une très grande surface. La faible acidité de Brönsted de ces catalyseurs comparativement au zéolithe, permet de réduire les réactions secondaires. Le diamètre des pores favorise la dispersion de la phase hydrogénante et réduit la distance entre les sites isomérisants (H^+) et les sites hydrogénants, ce qui favorise donc l'hydrogénation des produits primaires de réaction. Ces catalyseurs favorisent donc l'isomérisation. Cependant ces catalyseurs sont moins actifs que les catalyseurs à base de zéolithes.

Les alumines silicées sont moins connues que les silice-alumines. Les premières alumines silicées ont été brevetées par Snam Progetti [16] qui cherchait à obtenir des matériaux ayant une grande stabilité mécanique et thermique, afin d'être utilisés comme catalyseur pour des réactions telles que la réaction d'isomérisation des butènes qui entraînent des transformations irréversibles à la surface du catalyseur et nécessite donc des processus de régénération. Deux méthodes ont été proposées pour la synthèse de ces alumines silicées.

La première méthode consiste à imprégner l'alumine par un composé contenant un radical hydrolysable sélectionné parmi les tetraesters d'acide silicique, les esters d'acide orthosilicique et les sels organique de silicium. Le mélange est ensuite lentement porté à la température d'ébullition du composé silicique sous atmosphère inerte, afin de faire réagir le composé silicique en phase vapeur avec l'alumine et de distiller ensuite l'excès de réactif. Le radical est ensuite hydrolysé et distillé.

La seconde méthode consiste à imprégner l'alumine par un alkyl orthosilicate puis de sécher à 500°C afin d'oxyder l'alumine imprégnée.

Les alumines silicées ainsi obtenues ont montré une plus grande stabilité mécanique et thermique que l'alumine de départ. En effet après un traitement thermique à 1000°C ou 1100°C, les alumines silicées présentent des pertes de surface et de volume bien inférieures à celles de l'alumine de départ. Beguin et al. [17] ont montré que le dépôt de silice (à partir de tétraéthoxy silicium) sur alumine permettait d'augmenter sa stabilité thermique et que cette stabilité augmentait avec la quantité de silicium déposé. La silice stabiliserait l'alumine en comblant les lacunes anioniques qui seraient responsable du frittage lors des traitements thermiques en présence d'eau. Ces auteurs ont proposé le schéma suivant :

$$Al\text{-}OH + Si(OC_2H_5)_4 \longrightarrow Al\text{-}O\text{-}Si(OC_2H_5)_3 + C_2H_5OH$$

Puis lors de la calcination (sous O_2 à 500°C) on obtient :

$$Al\text{-}O\text{-}Si(OC_2H_5)_3 \longrightarrow Al\text{-}O\text{-}Si(OH)_3 + 6CO_2$$

Le dépôt de silicium ne modifie pas la surface spécifique de l'alumine de départ, ce qui suggère que ce dépôt ne se fait pas dans les pores de l'alumine mais à la surface. Les analyses infra-rouge ont montré l'apparition d'une bande ν OH à 3745 cm^{-1} lorsque l'on introduisait du silicium. L'intensité de cette bande augmente avec la quantité de silicium introduit, tandis que celles des bandes des groupes hydroxyles attribuées à l'alumine diminuent. Ceci suggère qu'il y aurait formation de groupements silanols à la surface de l'alumine. Les résultats obtenus indiquent une distribution homogène des groupements silanols ainsi que de la silice à la surface de l'alumine.

Finnochio et al. [18] ont étudié la structure de surface des alumines silicées par spectroscopie infra-rouge. Ces alumines silicées ont été utilisées pour la réaction d'isomérisation squelettale des n-butènes. Elles ont été préparés par réaction chimique entre l'alumine et le tétraéthyl orthosilicate (TEOS) en solution dans l'éthanol. Les analyses infra rouge ont montré que le TEOS réagissait avec les hydroxyles de surface et plus précisément avec les hydroxyles liés à un aluminium tétraédrique. La réaction semble se faire de manière homogène à la surface de l'alumine car il n'a pas été observé de bandes liées à la présence de Si-O-Si. Cette réaction peut s'écrire :

$$n(Al\text{-}OH) + Si(OEt)_4 \longrightarrow (Al\text{-}O)_nSi(OEt)_{4-n} + nEtOH$$

La valeur de n la plus probable serait 2, ce qui conduirais après calcination à l'espèce :

```
        OH
        |
   O···· Si
   |    /  \
   |   O    O
   |   |    |
```

Cette espèce peut se transformer pour donner :

```
   HO    OH
     \  /
      Si
     /  \
    O    O
    |    |
```

Les auteurs ont également proposé que la silice pénétrait dans l'alumine pour former une spinelle de surface qui aurait une composition proche de SiO_2-$6Al_2O_3$ dans laquelle la silice substituerait l'aluminium tétraédrique. Ceci aurait pour effet de créer des sites Si-OH en surface. Ces sites ne seraient pas des sites de Brönsted et ne seraient pas plus acides que les sites Al-OH, mais seraient plus stables. L'augmentation d'activité en isomérisation des butènes serait donc associée à une augmentation des groupes hydroxyles stables en surface.

Daniell et al. [19] ont proposés un modèle de l'évolution de la composition de surface d'une alumine silicée en fonction du pourcentage de silice déposée (figure2).

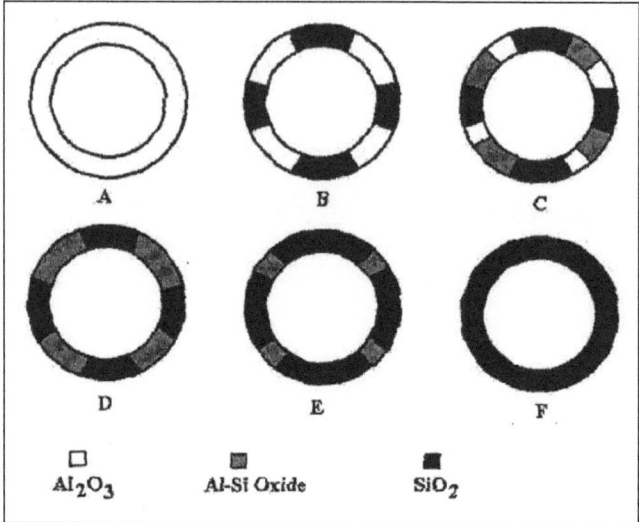

Figure 2 : évolution de la composition de surface en fonction de la teneur en silice déposée, A alumine pure, B 1,5 – 5% silice, C 10-20% silice, D 30-40% silice, E 60-80% silice, F silice pure [19]

Cette figure montre deux processus au cours de l'addition progressive de silice sur alumine. Tout d'abord la formation d'une phase mixte aluminosilicate puis l'encapsulation de l'alumine par la silice, qui implique que l'on n'observerait plus de phase alumine pure en surface à partir de 30% de silice déposée. Les mesures d'acidité ont montré la présence de sites acides de Brönsted très forts sur la phase aluminosilicate. La force de ces sites serait semblable à celle des sites de Brönsted présents sur une zéolithe HY. Les sites les plus forts sont observés pour un dépôt de 40% de silice et seraient sous forme d'hydroxyles pontés.

Une autre méthode de préparation a été utilisée par Sato et al. [20]. Ils ont préparé des alumines silicées par dépôt de silice ($Si(OC_2H_5)_4$) sur alumine en phase vapeur. Ils ont notamment étudié l'effet des conditions de réaction sur les propriétés acides ainsi que sur l'activité catalytique des alumines silicées obtenues, et ont comparé ces propriétés avec celles de l'alumine de départ et d'une silice-alumine commerciale. Ils ont ainsi observé que le dépôt de silice augmentait avec la température de réaction et qu'il était plus important lorsque la réaction avait lieu sous air plutôt que sous azote.

Les alumines silicées obtenues ont montré une grande activité pour les réactions de déshydratation du 2-butanol, l'isomérisation du m-xylène et le craquage du cumène et de l'heptane. Les activités catalytiques des alumines silicées pour ces différentes réactions sont comparables à celles obtenues avec des silice-alumines commerciales qui contiennent plus de silice, et présentent des surfaces ainsi que des acidités bien supérieures. Les activités catalytiques des alumines silicées dépendent de la quantité de silice déposée : l'activité en réaction de déshydratation du 2-butanol augmente avec la teneur en silice et se corrèle avec l'acidité de Brönsted.

Sheng et al. [21] ont étudié l'acidité de surface d'alumine silicée par RMN ^{31}P de triméthylphosphine adsorbée. La série d'alumines silicées étudiée a été obtenue par dépôt en phase vapeur de $Si(OCH_3)_4$ dans le but d'obtenir une monocouche de SiO_2 à la surface de l'alumine. Les résultats montrent que le dépôt de SiO_2 crée une acidité de Brönsted et que cette acidité augmente avec le nombre de SiO_2/nm^2 et passe par un maximum aux alentours de 8 SiO_2/nm^2.

Ces auteurs ont également étudié [22] la structure des alumines silicées par spectroscopie infra-rouge et RMN ^{29}Si. Les mesures infra-rouge montrent que l'ajout de silice fait apparaître une nouvelle bande à 3744 cm^{-1} représentative des silanols libres (SiOH ou $Si(OH)_2$). L'intensité de cette bande augmente avec la teneur en silice tandis que les bandes AlOH disparaissent progressivement. Ceci indique que les espèces AlOH sont progressivement remplacées par Al-O-SiOH ou Al-O-$(SiO)_n$-SiOH, l'infra-rouge seul ne permettant pas de déterminer exactement les espèces présentes.

Les résultats des analyses RMN ^{29}Si montrent que, lorsque l'on augmente le dépôt de silice, il y a tout d'abord formation d'espèces $Si(OAl)_3(OH)$, puis d'espèces $Si(OSi)(OAl)_2OH$ et/ou $Si(OAl)_2(OH)_2$. Lorsque l'on augmente encore la teneur en silice on observe les espèces $Si(OSi)_2(OH)_2$ et/ou $Si(OSi)(OAl)_3$ puis les espèces $Si(OSi)_4$ et $Si(OSi)_3(OH)$ ainsi que $Si(OSi)_2(OH)_2$, $Si(OSi)_2(OAl)(OH)$ et $Si(OAl)_3(OH)$. La présence d'espèces $Si(OSi)_4$ nécessite la présence d'au moins l'équivalent de trois couches de SiO_2, ce qui indiquerait que la silice ne se dépose pas en une monocouche uniforme à la surface de l'alumine, mais de façon aléatoire à la surface de l'alumine en formant des couches successives.

Trombetta et al. [23] ont étudié par spectroscopie infra-rouge l'acidité de surface de différents systèmes SiO_2-Al_2O_3 ainsi que leur activité catalytique en isomérisation des butènes. Ils ont ainsi comparé une silice pure, une alumine pure, des silice-alumines, une alumine silicée et des zéolithes HZSM5 et FER. Les tests catalytiques ont permis de classer ces systèmes en fonction de leur activité :

$SiO_2 < Al_2O_3 <$ alumine silicée $<$ silice-alumine $<$ FER $<$ HZSM5

Le même classement a été obtenu pour le nombre de sites acides de Brönsted de surface. Les sites acides de Brönsted les plus forts sur SiO_2, Al_2O_3, alumine silicée et silice-alumine sont les groupements hydroxyles terminaux. Cette acidité de Brönsted des OH terminaux est expliquée par la proximité de cations Al insaturés.

Crepeau [24] a caractérisé l'acidité globale de catalyseur NiMo et NiW sulfuré supporté sur différentes silice alumine amorphe et alumine silicée, par spectroscopie infrarouge et RMN. La caractérisation des supports par RMN du solide et spectroscopie IR ont mis en évidence l'influence des conditions de synthèse En effet les alumine silicées présentent des atomes d'aluminium dans un environnement proche de celui de l'alumine tandis que les silice alumine possèdent une structure plus désorganisée et présentent des Al^V. La caractérisation des propriétés acides de ces supports par adsorption de pyridine, de lutidine et de CO suivie par spectroscopie IR a permis de mettre en évidence la présence de :
- sites de Lewis situés sur des sites Al^{IV} et des sites Al^{IV}-Al^{VI}
- un grand nombre de groupements silanols terminaux ou isolés
- des groupements hydroxyles moyennement acides, c'est à dire d'acidité comparable à celle d'une HNaY
- un petit nombre de groupements hydroxyles fortement à très fortement acides dont l'acidité est équivalente à celle d'une zéolithe H-beta

Les différents catalyseurs Mo, NiW, NiMo et NiMoP sulfurés ont été caractérisés par adsorption de CO à basse température suivie par spectroscopie IR. La nature des sites acides du support n'est pas sensiblement modifiée par la phase sulfure, cependant leur nombre est fortement diminué. L'adsorption de CO a mis en évidence un effet du support sur les propriétés électroniques de la phase sulfure. La présence de sites acides à proximité des feuillets de la phase sulfure diminuerait sa densité électronique. Un parallèle a été mis en évidence entre les acidités mesurées et les activités obtenus en test d'isomérisation du cyclohexane. Il existe une relation entre les nombres d'onde de la bande du CO en interaction avec la bande caractéristique du W et Mo promu par le nickel et l'activité en isomérisation du cyclohexane. Le nombre d'onde du CO adsorbé sur la phase sulfure rend compte de l'acidité globale du support. L'activité en isomérisation du cyclohexane des catalyseurs n'est pas limitée par le nombre de sites coordinativement insaturés de la phase sulfure mais dépend essentiellement du nombre de sites acides forts. Pour l'hydrogénation du toluène il apparaît que l'activité du catalyseur dépend à la fois du nombre de sites coordinativement insaturés de la phase sulfure et de la qualité de ces sites qui est influencé par l'acidité du support.

3.2 La fonction hydro-déshydrogénante : les sulfures de Ni et W

Les catalyseurs d'hydrocraquage ou d'hydrotraitement à base de Mo ou W promus par Ni ou Co sont préparés par imprégnation du support par des solutions aqueuses de sels de ces métaux, suivie d'une calcination. Ils sont donc obtenus (et commercialisés) sous la forme d'oxydes supportés, les teneurs habituelles se situant aux environs de 20-25% massiques pour MoO_3 ou WO_3, et 3-4% massiques pour NiO ou CoO.

La formation de la structure définitive a lieu durant la sulfuration du catalyseur mais elle est conditionnée par la calcination du précurseur oxyde. Ce traitement permet de stabiliser le catalyseur en renforçant les interactions entre la phase hydro-déshydrogénante et le support. Dans le cas des catalyseurs NiW, la nature et la quantité des diverses espèces Ni dans le catalyseur oxyde dépendent beaucoup de la température de calcination. Au dessous de 330°C, le promoteur Ni est sous la forme NiO et Ni_2O_3. L'augmentation de la température de calcination fait apparaître des formes de Ni liées au tungstène ($NiWO_4$), à l'aluminium et à une phase mixte (NiWOAl) [25]. Pour une température de calcination de l'ordre de 550°C, les espèces majoritaires sont les NiO (NiO et NiO_2). On trouve également des formes macrocristallines $NiWO_4$. Pour une température de calcination de 500°C la majorité des atomes de nickel reste en surface, bien qu'un certain nombre s'allie avec le support sous forme de $NiAlO_4$. Après calcination à 800°C on observe une diffusion massive des ions Ni dans le support [26, 27].

La sulfuration met en fait deux réactions en jeu, la réduction et la sulfuration. Les espèces W initialement présentes dans un environnement oxyde avec un degré d'oxydation de 6+ (W_{ox}^{6+}) se transforment en espèces W dans un environnement sulfuré avec un degré d'oxydation 4+ (W_s^{4+}). Le mélange sulfurant doit donc présenter des propriétés réductrices, ce qui justifie l'emploi d'H_2. Dans des conditions adaptées, l'étape de sulfuration permet de transformer complètement la forme oxyde en phase sulfure, c'est à dire de transformer WO_3 en WS_2. Le mécanisme de la sulfuration peut être présenté schématiquement de la façon suivante : oxyde (WO_3) $\longrightarrow$ oxysulfure (WO_xS_y) $\longrightarrow$ WS_3 $\longrightarrow$ WS_2

H.R.Reinhoudt et al. [28] ont montré que la sulfuration de catalyseur NiW/γ-Al_2O_3 conduisait à la formation de trois types de structures :
- des particules de diamètre inférieur au nanomètre (environ 0,5 nm de diamètre) appelés clusters (NiS ou sulfure de nickel contenant du W)

- des particules nanométriques ayant une taille de 1 à 2 nm contenant Ni et W
- des feuillets WS$_2$ ou le nickel est présent sur les bords et les coins des feuillets (d'une longueur comprise entre 2 et 3 nm)

Les clusters et particules apparaissent à basse température de sulfuration tandis que les feuillets sont formés à haute température.

Ces mêmes auteurs ont également caractérisé un catalyseur NiW/γ-Al$_2$O$_3$ à différentes étapes de la sulfuration [29]. Ils ont ainsi observé que le catalyseur oxyde présentait 4 types d'espèces nickel : un aluminate de nickel de surface, un oxyde mixte de nickel et de tungstène, un oxyde mixte de nickel, tungstène et aluminium, et un aluminate de nickel dans l'alumine (Figure 3).

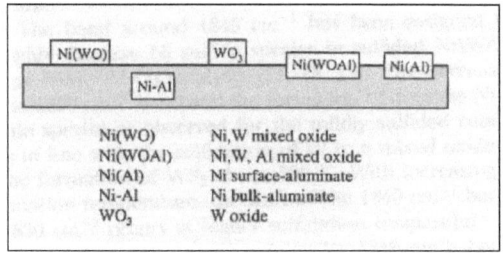

Figure 3 : représentation schématique des différentes espèces Ni présentes à la surface du catalyseur oxyde NiW/γ Al$_2$O$_3$ [29]

Le nickel est en forte interaction avec le tungstène et avec le support. Le nickel présent dans le support migre vers la surface à partir d'une température de sulfuration de 100°C. A partir de 200°C on observe le développement d'espèces sulfure de nickel en interaction avec une phase W^{6+} oxyde ou partiellement sulfurée. De plus, une partie de la phase tungstène peut être sulfurée à basse température pour former WS$_3$, la réduction en W^{4+} ne se faisant qu'à partir de 330°C. Après sulfuration à 330°C, il a été observé un changement dans l'environnement chimique du sulfure de nickel. Ce changement est dû à la formation de la phase nommée NiWS qui est liée à la formation des feuillets WS$_2$. La figure 4 représente schématiquement l'évolution des espèces à la surface du catalyseur NiW/γ-Al$_2$O$_3$ en fonction de la température de sulfuration.

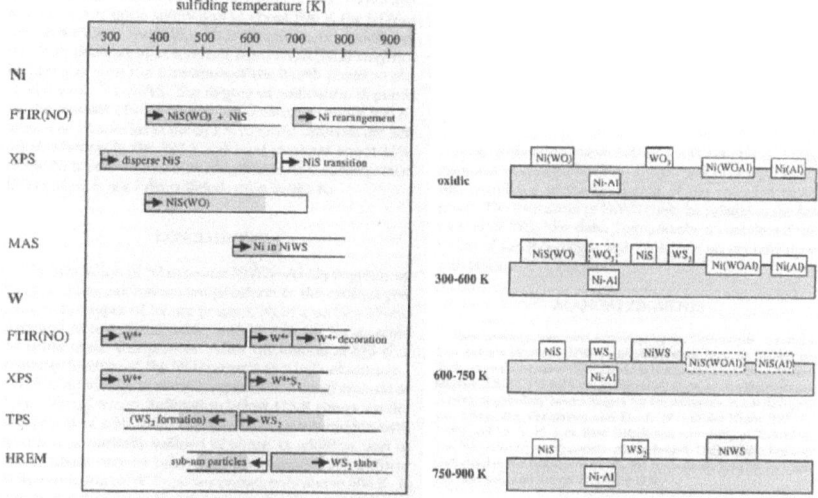

Figure 4 : représentation schématique de l'évolution des espèces à la surface de catalyseur NiW/γ Al$_2$O$_3$ en fonction de la température de sulfuration [29]

Y. Van der Meer et al. [30] ont étudié l'influence de la méthode de préparation et des conditions de sulfuration sur la structure et l'activité d'un catalyseur NiW sur silice-alumine amorphe (ASA). Ils ont ainsi observé que le nickel se sulfurait à basse température, cette phase sulfure de nickel se redispersant à haute température sur les coins des feuillets de WS$_2$ pour former la phase NiWS. La formation de cette phase est facilitée par la transformation de la phase intermédiaire WO$_x$S$_y$ en WS$_2$ à partir de 400°C (Figure 5). La sulfuration de catalyseur NiW/ASA se ferait donc de la même manière que celle des catalyseurs NiW/Al$_2$O$_3$.

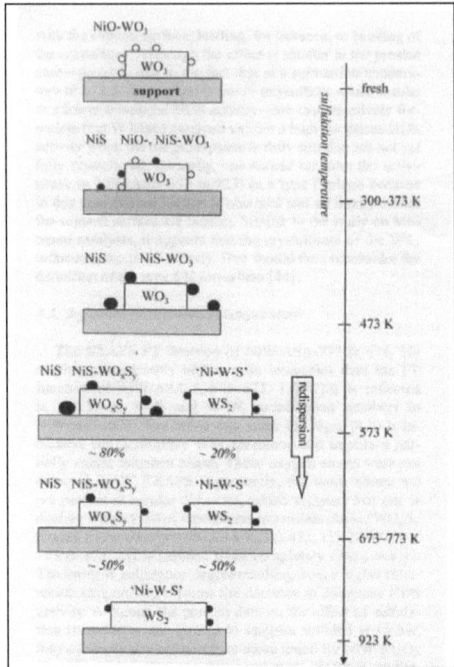

Figure 5 : représentation schématique de la sulfuration d'un catalyseur NiW/ASA [30]

La sulfuration des catalyseurs, qui permet de transformer les oxydes en sulfures, est une étape essentielle, car c'est elle qui conditionne l'activité ultérieure du catalyseur. C'est en effet au cours de cette étape de sulfuration que se forme la phase active du catalyseur.

H.R.Reinhoudt et al. [31] ont étudié la nature de la phase active d'un catalyseur sulfuré NiW/γ-Al$_2$O$_3$ en relation avec ses performances catalytiques en hydrodésulfuration. Ils ont ainsi observé deux phases actives différentes en fonction de la température de sulfuration. Les catalyseurs sulfurés à 400°C présentent une phase nommée NiWS "type 0" (figure 6) composée de sulfure de Ni hautement dispersé et en interaction avec un oxysulfure de W^{6+}. Ces catalyseurs ont une grande activité et sélectivité pour l'hydrogénation du dibenzothiophène en phase liquide mais une faible activité pour la réaction d'hydrodésulfuration du thiophène en phase gaz.

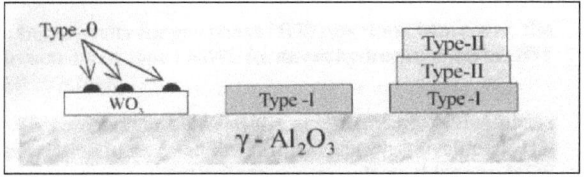

Figure 6 : représentation schématique des différentes espèces [31]

En revanche les catalyseurs sulfurés à une température supérieure à 480°C présentent une phase nommée NiWS "type 1" composée de feuillets WS_2 décorés de sulfure de nickel. Ces catalyseurs ont une grande activité pour l'hydrodésulfuration du thiophène en phase gaz mais une activité plus faible pour l'hydrogénation du dibenzothiophène en phase liquide (Figure 7).

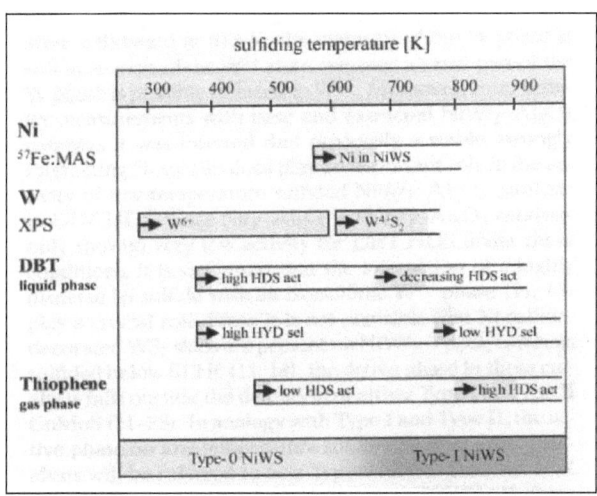

Figure 7 : représentation schématique des transitions et changement d'activité et sélectivité en HDS et HYD en fonction de la température de sulfuration [31]

Ces résultats sont en accord avec ceux obtenus par Breysse et al. [32] qui avaient également observé la présence de deux types de sites catalytiques en fonction de la température de sulfuration : à basse température on observe des sites très actifs en hydrogénation, tandis qu'à haute température on observe des sites actifs en hydrodésulfurisation.

Quel que soit le support, le couple de sulfures utilisé et la réaction étudiée, le catalyseur le plus actif est obtenu pour un rapport atomique : métal VIII / (métal VI + métal VIII) situé aux environs de 0,3-0,4 [33].

Cet optimum témoigne de l'effet de synergie exercé par le sulfure du métal du groupe VIII sur celui du groupe VI. Deux principaux modèles sont proposés dans la littérature, le premier, connu sous le nom de "synergie de contact " [34], explique l'effet promoteur par le contact entre la phase MoS_2 et la phase Co_9S_8 lequel permettrait un "spillover" d'hydrogène (épandage d'hydrogène dissocié) et contrôlerait les réactions d'hydrodésulfuration et d'hydrogénation. Le second appelé "phase CoMoS" ou "phase NiWS" [35, 36] suppose que l'effet de synergie est directement lié au taux de cobalt ou de nickel de la phase CoMoS ou NiWS qui a une structure de type MoS_2 ou WS_2.

Cependant, l'activité du couple de sulfures dépend de la réaction étudiée (Tableau 1).

Hydrogénation des aromatiques et des oléfines	Couples à l'optimum :	Ni-W > Ni-Mo > Co-Mo > Co-W
	Sulfures purs :	Mo > W >> Ni > Co
Hydrodésulfuration (HDS)	Couples à l'optimum :	Co-Mo > Ni-Mo > Ni-W > Co-W
	Sulfures purs :	Mo > W > Ni > Co
Hydrodésazotation (HDN)	Couples à l'optimum :	Ni-W = Ni-Mo > Co-Mo > Co-W
	Sulfures purs :	Mo > W > Ni > Co

Tableau 1 : Classement des sulfures et couples de sulfures des métaux utilisés en hydrotraitement [37]

4. CONCLUSION

Les catalyseurs d'hydrocraquage sont bifonctionnels, associant une fonction hydro-déshydrogénante et une fonction acide. Les catalyseurs utilisés pour l'hydrocraquage des distillats sous vide, qui contiennent des composés azotés et soufrés, utilisent comme fonction hydro-déshydrogénante des sulfures de métaux. Si on désire orienter l'hydrocraquage vers la production de gazole, la fonction acide devra être modérée. Une forte acidité favorise en effet le craquage, donc la production d'essence.

A la différence des silice-alumines, les alumines silicées ont été peu utilisées pour préparer les catalyseurs d'hydrocraquage. Elles ont une meilleure stabilité thermique que les silice-alumines, et présentent une acidité non négligeable, qui dépend essentiellement de leur composition.

La fonction hydro-déshydrogénante est apportée par imprégnation sur le support de sels de Ni et W, suivie d'une calcination qui les transforme en oxydes. Ces métaux ne sont actifs en hydrocraquage que sous leur forme sulfures, le sulfure de nickel exerçant un effet promoteur sur l'activité du sulfure de tungstène.

Partie I : Mode d'action d'un catalyseur NiW/alumine silicée en hydrocraquage du n-décane

1. INTRODUCTION

Dans cette première partie, nous étudierons le mode d'action d'un catalyseur NiW/alumine silicée en hydrocraquage du n-décane. Le catalyseur choisi, qui sera le catalyseur de référence pour la suite de cette étude, sera appelé NiWR. Il est composé d'un support alumine silicée contenant 40% de silice et 60% d'alumine, calciné à 800°C, sur lequel ont été déposés 3,3% en poids de NiO et 26% en poids de WO_3. Sa surface spécifique est de 188 $m^2.g^{-1}$.

L'objectif est de déterminer la nature des produits de réaction, de mesurer les sélectivités et d'en déduire un schéma réactionnel de l'hydrocraquage du n-décane dans les conditions de réaction standard.

2. ACTIVITE TOTALE EN HYDROCRAQUAGE DU N-DECANE

Le catalyseur est préalablement sulfuré avec injection de la charge réactionnelle (n-décane, diméthyldisulfure, aniline) à température ambiante, montée en température de 0,4°C/min jusqu'à 350°C, puis palier de 6h à 350°C, puis montée en température de 1°C/min jusqu'à la température de test 400°C.

Une fois la température de test atteinte, plusieurs temps de contact sont utilisés afin d'obtenir différentes valeurs de la conversion (figure 8). En fin d'expérience, on effectue un point retour au temps de contact initial afin de vérifier que le catalyseur ne s'est pas désactivé.

L'activité du catalyseur de référence NiWR en transformation du n-décane, donnée par la pente à l'origine de la courbe, est de 0,338 g/h.g soit $1,8.10^{-3}$ $g/h.m^2$.

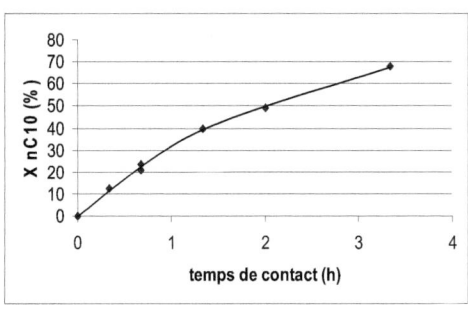

Figure 8 : évolution de la conversion du n-décane en fonction du temps de contact

3. SCHEMA REACTIONNEL

Le test d'hydrocraquage du n-décane a été réalisé avec trois masses différentes de catalyseur NiWR (1,5 ; 2,25 et 3g) afin de couvrir une large gamme de conversions.

Les produits de réaction peuvent être classés en trois catégories :
- les isomères monobranchés (M), ayant une seule chaîne latérale tels que les méthylnonanes et éthyloctanes
- les isomères multibranchés (B), ayant au moins deux chaînes latérales tels que les diméthyloctanes, éthyméthylheptane et triméthylheptane
- les produits de craquage (C), ayant moins de dix atomes de carbone tel que éthane, propane, butanes, pentanes, hexanes, heptanes…

Le méthane formé provient exclusivement de la décomposition du diméthyldisulfure (par l'intermédiaire du mercaptan) qui est totale dès 230°C. Ce dernier n'est donc pas responsable de la formation de l'éthane [38].

La figure 9A présente l'évolution des différents produits de réaction en fonction de la conversion du n-décane. La figure 9B présente plus en détails la formation des isomères multibranchés et des produits de craquage. On remarque que les isomères monobranchés sont les produits primaires majoritaires de la réaction, mais les isomères multibranchés et les produits de craquage sont eux aussi des produits primaires apparents.

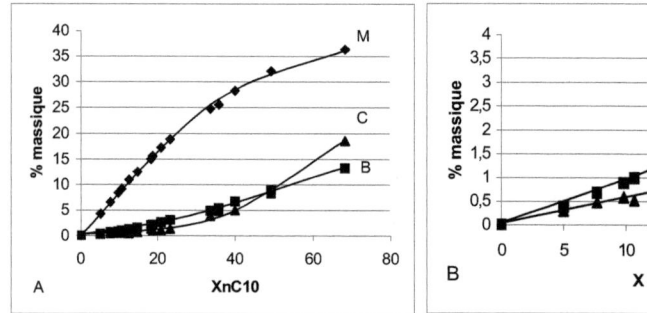

Figure 9 : formation des isomères monobranchés (M), isomères multibranchés (B) et produits de craquage (C) en fonction de la conversion du n-décane

Les sélectivités du catalyseur de référence pour la formation des différents produits de réaction à 20 et 50% de conversion du n-décane sont présentées dans le tableau 2.

	M	B	C
sélectivité à 20%	81	13	6
sélectivité à 50%	65	18	17

Tableau 2 : sélectivités du catalyseur NiWR en isomères monobranchés (M), isomères multibranchés (B) et produits de craquage (C) à 20 et 50% de conversion du n-décane

4. DISTRIBUTION DES PRODUITS

4.1 Distribution des isomères

La figure 10 montre la distribution des isomères monobranchés M (% molaires). On peut observer que cette distribution évolue avec la conversion jusqu'à environ 20% puis ne change plus et que les produits majoritaires sont les méthylnonanes. Cette distribution (au dessus de 20% de conversion) est proche de celle à l'équilibre thermodynamique (tableau 3).

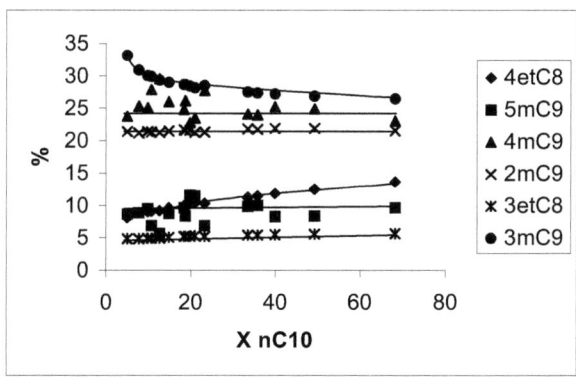

Figure 10 : distribution des isomères monobranchés en fonction de la conversion du n-décane

	$2mC_9$	$3mC_9$	$4mC_9$	$5mC_9$	$3etC_8$	$4etC_8$
conversion 25%	22	26	24	11	6	11
équilibre thermodynamique	22	24	24	11	6	13

Tableau 3 : distribution des isomères monobranchés à 25% de conversion du n-décane et à l'équilibre thermodynamique

La figure 11 montre que la distribution des isomères multibranchés est pratiquement indépendante de la conversion du n-décane sauf dans le cas du 4,5-diméthyloctane. Les produits majoritaires sont les 2,5 et 3,5-diméthyloctanes, le 2,6-diméthyloctane et le 2,4-diméthyloctane. La distribution des isomères multibranchés est différente de celle à l'équilibre thermodynamique (tableau 4).

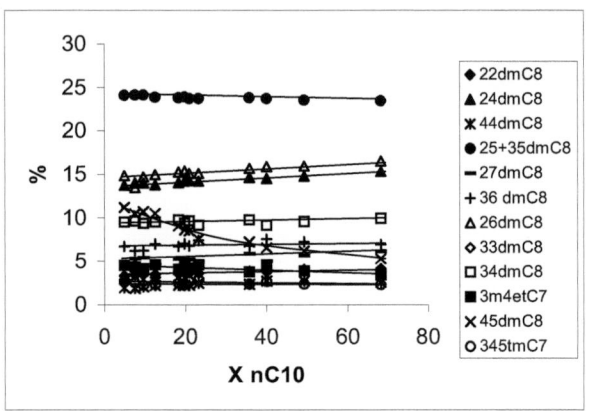

Figure 11 : distribution des isomères multibranchés en fonction de la conversion du n-décane

	$25+35dmC_8$	$26dmC_8$	$24dmC_8$	$34dmC_8$	$27dmC_8$	$36dmC_8$
conversion 25%	24	15,5	14,5	9,5	5,5	7
équilibre thermodynamique	26	14	6,5	5	6,5	5,5

	$44dmC_8$	$45dmC_8$	$22dmC_8$	$33dmC_8$	$3m4etC_7$	$345tmC_7$
conversion 25%	2	8	4	4	4	2
équilibre thermodynamique	10	3	9,5	10	3	1

Tableau 4 : distribution des isomères multibranchés à 25% de conversion du n-décane et à l'équilibre thermodynamique

4.2 Distribution des produits de craquage

La figure 12 montre la répartition des produits de craquage (% molaires) en fonction de la conversion du n-décane. Les produits majoritaires sont les C_5 ainsi que les C_4 et C_6. A forte conversion, les produits de craquage en C_4 et C_6 sont toujours formés en quantité égale de même que les produits de craquage en C_3 et C_7, ce qui montre l'absence de réactions de condensation-craquage. Les produits en C_2 et C_8 sont minoritaires, mais sont eux aussi formés en quantité équimolaire.

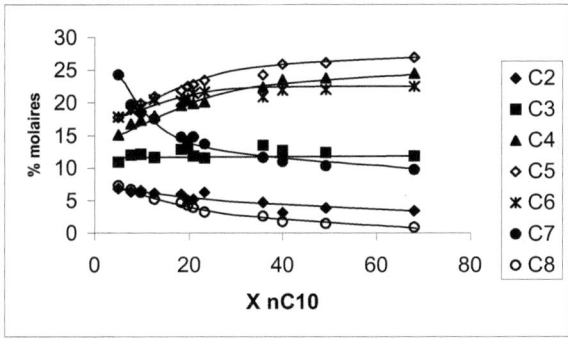

Figure 12 : évolution des produits de craquage en fonction de la conversion du n-décane

La figure 12 montre également qu'à faible conversion du n-décane la production de produits de craquage en C_7 est supérieure à celle en produits de craquage en C_3. Ceci est dû à la présence dans les produits de craquage de diméthylcyclopentane, qui est une impureté de l'aniline, et n'est pas séparé de l'iso-heptane en chromatographie. Cela a pour effet d'augmenter l'aire de ce dernier et de fausser les résultats essentiellement à faible conversion. Une correction a donc été effectuée pour éliminer le diméthylcyclopentane. La méthode est la suivante : connaissant la quantité de nC_7 formé, en extrapolant le rapport iso/nC_7 à conversion nulle on peut alors déterminer la valeur réelle de l'iso-C_7, puis calculer la quantité réelle des produits de craquage.

La figure 13 montre l'évolution des rapports iso/n des différents produits de craquage en fonction de la conversion du n-décane. A faible conversion du n-décane les rapports iso/n sont très faibles, puis ils augmentent rapidement. Dans le cas du C_8, seul le n-octane est observé.

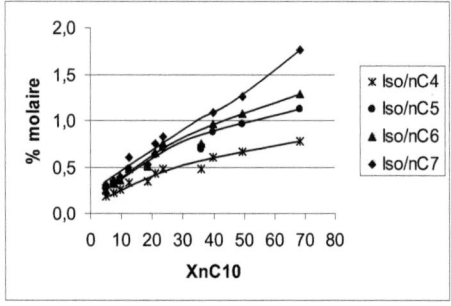

Figure 13 : évolution des rapports iso/n des produits de craquage en fonction de la conversion du n-décane

Les valeurs du rapport des vitesses d'isomérisation et de craquage (I/C) présentées dans la figure 14A ont été corrigées du diméthylcyclopentane. Cette figure montre que le rapport I/C diminue fortement lorsque la conversion du n-décane augmente. De la même façon, on observe que le rapport M/B des vitesses de formation des isomères monobranchés et multibranchés (figure 14B) diminue régulièrement quand la conversion du n-décane augmente.

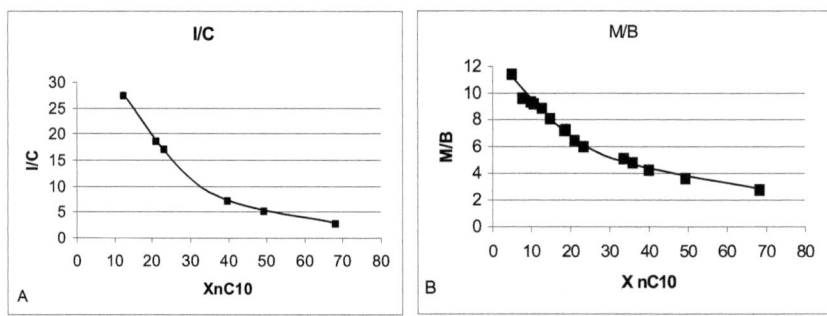

Figure 14 : évolution des rapports I/C et M/B en fonction de la conversion du n-décane

5. DISCUSSION

Les produits de transformation du n-décane sur le catalyseur NiW/silice-alumine sont ceux habituellement observés avec les catalyseurs d'hydrocraquage, à savoir des isomères monobranchés M, des isomères multibranchés B et des produits de craquage C.

En catalyse bifonctionnelle classique, les isomères monobranchés résultent d'une isomérisation avec changement de longueur de la chaîne carbonée se produisant par l'intermédiaire d'un cyclopropane protoné [39, 40] :

Ces réactions étant relativement lentes, la distribution des isomères monobranchés à faible conversion du n-décane est différente de celle à l'équilibre thermodynamique (figure 10, tableau 3).

A plus forte conversion apparaissent des isomérisations par saut d'alkyle [41] qui sont beaucoup plus rapides que l'isomérisation par cyclopropane protoné, et qui aboutissent à la formation des isomères monobranchés dans la composition de l'équilibre thermodynamique (figure 10, tableau 3).

Les isomères multibranchés se forment à partir des isomères monobranchés par l'intermédiaire de cyclopropanes protonés :

puis par saut d'alkyle, comme dans le cas des isomères monobranchés :

Ces sauts d'alkyle, bien que plus rapides que le passage par un cyclopropane protoné, sont relativement lents puisque les isomères multibranchés ne sont pas formés à l'équilibre thermodynamique, comme c'était le cas des isomères monobranchés (figure 11, tableau 4). Bien que les isomères multibranchés soient apparemment primaires, il ne peuvent pas se former directement à partir du n-décane mais seulement à partir des isomères monobranchés [42, 43].

Le craquage peut se produire à partir des isomères monobranchés :

conduisant à des produits linéaires, ou à partir des isomères multibranchés :

ce qui conduit à des produits ramifiés, mais pas à partir du n-décane lui-même, cette réaction faisant intervenir un carbocation primaire très défavorisé :

Pour la même raison, on n'obtient pas de craquage en $C_2 + C_8$ par un mécanisme bifonctionnel classique, même à partir d'un isomère multibranché :

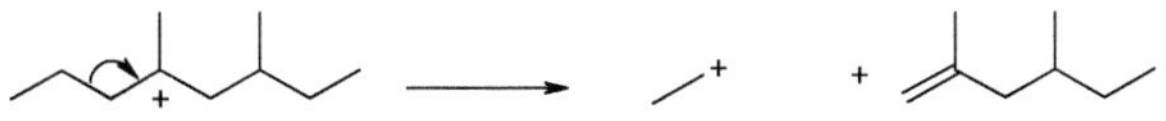

Or, ces produits se forment sur NiWR. Les études précédentes [14] ont montré qu'il existait sur ce type de catalyseur une réaction dite de "craquage direct" du n-décane se produisant sur la phase sulfures (figure 15).

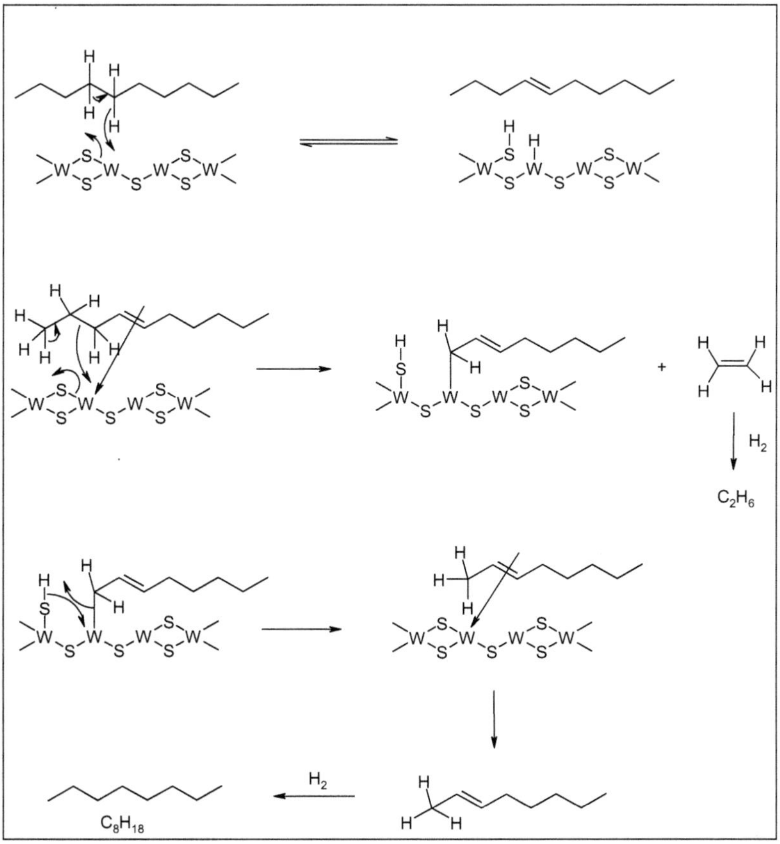

Figure 15 : réaction de craquage direct sur la phase sulfure

A partir de la répartition des produits de craquage ainsi que l'évolution des rapports iso/n en fonction de la conversion du n-décane, on peut estimer les participations relatives du craquage direct et du craquage bifonctionnel [14]. Pour cela, on considère que le craquage direct du n-décane conduit uniquement à des produits linéaires (comme c'est le cas du C_8), tandis que le craquage bifonctionnel conduit essentiellement à des produits ramifiés comme le montrent les valeurs élevées des rapports iso/n à forte conversion du n-décane : il concerne en effet surtout les isomères multibranchés beaucoup plus réactifs que les isomères monobranchés [14]. A partir des rapports iso/n et des pourcentages des différents produits de craquage on peut donc estimer les quantités de produits de craquage direct Cd et de produits de craquage bifonctionnel Cb.

Les sélectivités à 20 et 50% de conversion du n-décane sont présentées dans le tableau 5.

	C total	Cd	Cb
sélectivité à 20%	6	4	2
sélectivité à 50%	17	9	8

Tableau 5 : sélectivités en produits de craquage direct (Cd) et produits de craquage bifonctionnel (Cb) à 20 et 50% de conversion du n-décane

On constate que le craquage bifonctionnel augmente plus vite que le craquage direct quand la conversion du n-décane augmente. Ceci est dû au fait que le craquage direct est le seul observable à faible conversion, tandis que le craquage bifonctionnel n'apparaît qu'après avoir atteint un niveau suffisant d'isomérisation, donc à forte conversion.

Le schéma apparent de transformation du n-décane sur NiWR est donc le suivant :

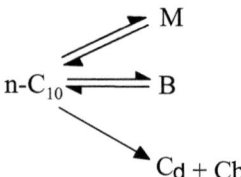

En fait, même si les isomères multibranchés apparaissent primaires, ils ne peuvent pas se former directement à partir du n-décane mais seulement à partir des isomères monobranchés. De même le craquage bifonctionnel n'est pas primaire, mais se produit à partir des isomères monobranchés et surtout des isomères multibranchés. Le schéma réactionnel réel serait donc le suivant :

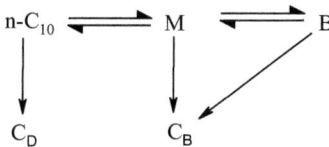

Le rapport I/C diminue quand la conversion augmente, tandis que les rapports iso/n des produits de craquage augmentent, ce qui confirme qu'à faible conversion le craquage est essentiellement dû au craquage direct du n-décane et à l'absence de craquage des isomères multibranchés. Puis, lorsque la conversion augmente, le craquage devient majoritairement bifonctionnel et se produit à partir des isomères monobranchés et multibranchés. Le craquage direct peut éventuellement se faire à partir d'isomères monobranchés mais ils semble peu probable qu'il se produise à partir des isomères multibranchés puisque l'on n'observe pas la présence de iC_8

Partie II : effet des traitements thermiques des alumines silicées

Dans cette partie, nous examinerons l'effet de différents traitements thermiques de l'alumine silicée sur les propriétés des catalyseurs NiW/alumine silicée préparés à partir des supports ainsi obtenus.

L'alumine silicée utilisée est la même que celle ayant servi de support au catalyseur de référence NiWR. La seule différence est que cette alumine silicée n'a subi qu'un simple séchage, alors qu'elle a été calcinée à 800°C avant imprégnation de nickel et de tungstène dans le cas de NiWR.

Chapitre 1 : Effet de la température de calcination

1. INTRODUCTION

Dans ce premier chapitre, nous examinerons l'effet d'une calcination sous air sec des alumines silicées. La calcination a été réalisée à des températures comprises entre 500 et 1000°C. Les supports ainsi obtenus ont été caractérisés du point de vue de leur surface spécifique et porosité (BET), de la cristallinité (DRX), de la morphologie et de la composition (MET), de la composition en aluminium tétraédrique et octaédrique (RMN) et de l'acidité (infra-rouge de pyridine chimisorbée).

Les supports calcinés ont ensuite été imprégnés à iso-teneur en nickel et tungstène par nm^2 (2,4 at W/nm^2, 0,9 at Ni/nm^2 soit un rapport Ni/W = 0,4)

Les catalyseurs ainsi obtenus seront désignés par NiW/Ct, t étant la température de calcination du support. A l'état oxyde, les catalyseurs ont été caractérisés par leur surface spécifique et porosité (BET), par leur acidité (infra-rouge de pyridine chimisorbée). La structure moléculaire de la phase oxyde NiW a été étudiée par spectroscopie Raman. Après sulfuration, ils ont été caractérisés par leur acidité (infra-rouge de CO chimisorbé), la morphologie de la phase sulfure (MET) et la composition de surface (XPS).

Enfin, les catalyseurs ont été testés en hydrocraquage du n-décane, et leurs activités isomérisante et hydrogénante ont été mesurées dans les conditions de l'hydrocraquage. Les catalyseurs étant imprégnés à iso-teneur en nickel et tungstène par nm^2, l'ensemble des résultats obtenus sera exprimé en $g/h.m^2$.

Le catalyseur de référence NiW/silice-alumine, désigné par NiWR, a également été caractérisé, ainsi que le support (SR) qui a servi à le préparer (alumine silicée calcinée à 800°C).

2. CARACTERISATIONS PHYSICO-CHIMIQUES DES SUPPORTS ET DES CATALYSEURS OXYDES

2.1 SURFACE ET VOLUME POREUX

La figure 16 montre l'évolution de la surface des supports et des catalyseurs oxydes en fonction de la température de calcination, ainsi que la surface du support de référence SR et du catalyseur de référence NiWR.

On peut observer que la surface du support diminue lorsque la température de calcination augmente, surtout après calcination à 1000°C. La surface du support de référence est inférieure à celle des supports calcinés. Par ailleurs l'imprégnation de nickel et de tungstène fait chuter fortement la surface.

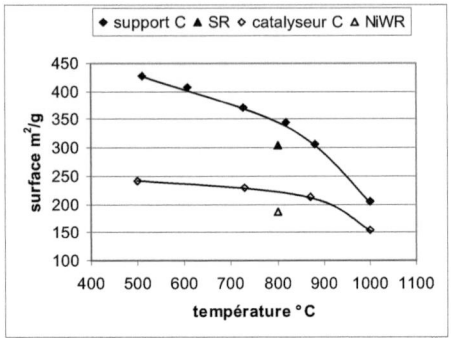

Figure 16 : évolution de la surface des supports et catalyseurs oxydes avec la température de calcination du support

La figure 17 montre l'évolution du volume poreux des supports et des catalyseurs oxydes en fonction de la température de calcination.

On observe que le volume poreux des alumines silicées varie peu jusqu'à une température de calcination de 800°C, puis diminue nettement au delà de cette température. Le volume poreux diminue fortement après imprégnation mais il est le même pour tous les catalyseurs.

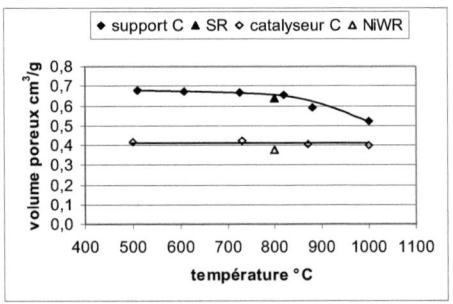

Figure 17 : évolution du volume poreux des supports et des catalyseurs oxydes avec la température de calcination du support

En ce qui concerne la taille des pores du support, leur diamètre moyen augmente de façon linéaire qunad on augmente la température de calcination (figure 18). Le diamètre des pores du catalyseur oxyde évolue un peu différemment de celui des pores du support, mais il n'y a pas de grandes modifications de ce diamètre.

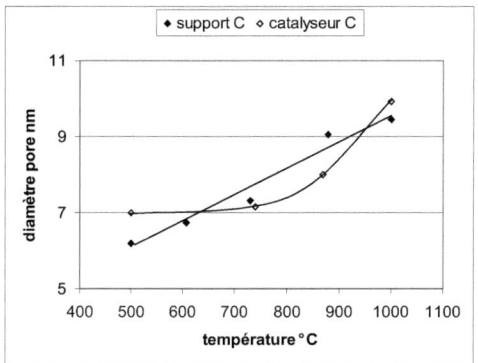

Figure 18 : évolution du diamètre moyen des pores des supports et des catalyseurs oxydes avec la température de calcination du support

2.2 DRX, MET et RMN des supports

2.2.1. Diffraction des Rayons X (DRX)

Les supports calcinés à 500, 880 et 1000°C ont été caractérisés par DRX afin d'observer si la phase de l'alumine évoluait avec la température de calcination.

Les analyses montrent que, quelle que soit la température de calcination, l'alumine est toujours sous forme γ (figure 19). On observe également que la cristallinité de l'alumine augmente lorsque la température de calcination augmente.

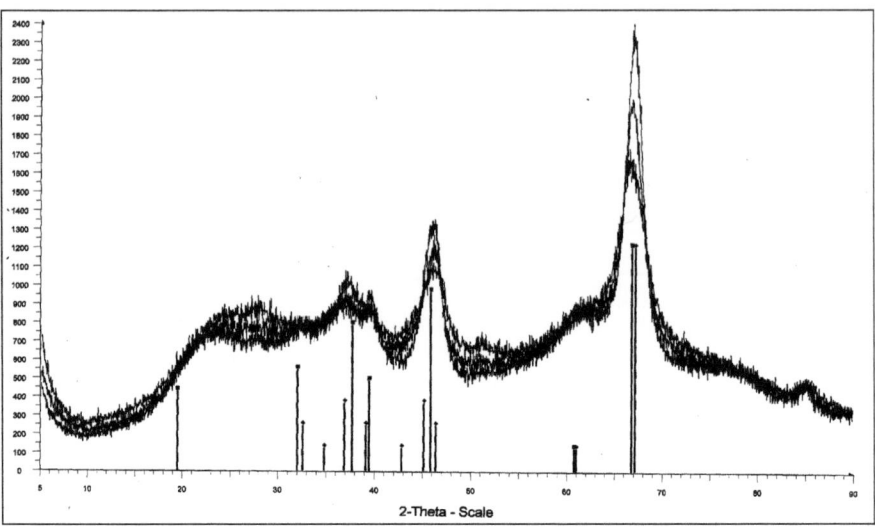

Figure 19 : spectres DRX des supports calcinés à 500, 880 et 1000°C

2.2.2. Microscopie Electronique à Transmission (MET)

Les supports calcinés à 500 et 880°C ont été analysés par MET afin d'étudier la morphologie et de mesurer le rapport Si/Al des échantillons. Les résultats obtenus montrent que les deux supports présentent des morphologies similaires, composées de deux phases :
- une première phase constituée de petites plaquettes de différentes tailles enchevêtrées les unes dans les autres. Les plaquettes les plus longues mesurent jusqu'à 100 nm environ. La morphologie de cette phase est caractéristique d'une alumine.
- une deuxième phase d'aspect granité, amorphe et compacte. Cette morphologie est caractéristique d'une silice.

Ces deux phases semblent intimement mélangées sur tout l'échantillon.

Les analyses EDX (spectroscopie d'Energie Dispersive des rayons X) microsonde permettent l'analyse d'une petite portion de surface de l'échantillon (analyse semi-quantitative). Les analyses indiquent que les deux supports présentent des compositions assez homogènes et que le rapport Si/Al moyen est compris entre 0,6 et 0,7. Les supports sont homogènes au niveau du volume étudié, soit un volume de $1,37.10^{-4}$ μm^3 (cylindre de 50 nm de diamètre et de 70 nm de hauteur). La température de calcination n'a donc pas d'effet sur la morphologie ni sur le rapport Si/Al des alumines silicées.

2.2.3. Résonnance Magnétique Nucléaire (RMN)

Les supports calcinés à 500 et 880°C ont été analysés par RMN MQMAS de l'aluminium 27 afin de comparer les quantités de sites Al tétraédrique et Al octaédrique. Les résultats obtenus montrent que les deux supports présentent des quantités de sites Al tétraédriques et Al octaédriques proches. La température de calcination ne semble donc pas avoir d'effet sur la composition des sites aluminium des alumine-silicées, au moins dans cette zone de température.

2.3 Acidité : IR/pyridine

Les acidités de Brönsted et de Lewis ont été mesurées par spectroscopie infra-rouge de la pyridine chimisorbée. La figure 20 présente l'évolution de l'acidité de Brönsted en micromol/m^2 des supports et des catalyseurs oxydes en fonction de la température de calcination et de la température de désorption de la pyridine. On peut observer sur les supports comme sur les catalyseurs oxydes que l'acidité de Brönsted totale (quantité de pyridine retenue à 150°C) augmente avec la température de calcination du support. Par ailleurs, l'acidité totale des catalyseurs est supérieure à celle des supports, et les sites acides des catalyseurs semblent plus forts puisqu'ils retiennent la pyridine à plus haute température que les supports. Au dessus d'une température de calcination de 800°C, les supports et les catalyseurs oxydes sont plus acides que le catalyseur de référence NiWR et le support de référence SR.

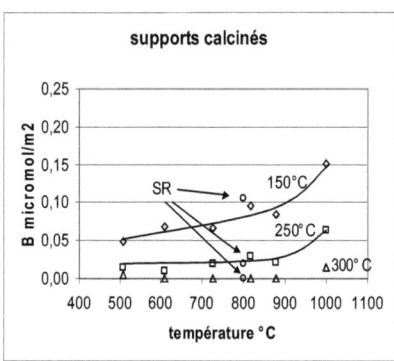
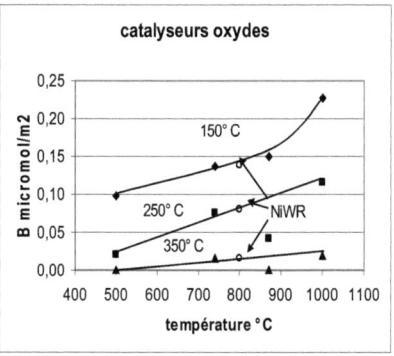

Figure 20 : évolution de l'acidité de Brönsted des supports et des catalyseurs en fonction de la température de calcination du support et de la température de désorption de la pyridine

L'imprégnation du nickel et du tungstène semble donc augmenter l'acidité totale de Brönsted. En effet, si on soustrait l'acidité totale des supports de l'acidité totale des catalyseurs (figure 21) on obtient une valeur moyenne de 0,065 qui correspondrait à l'acidité du nickel et du tungstène.

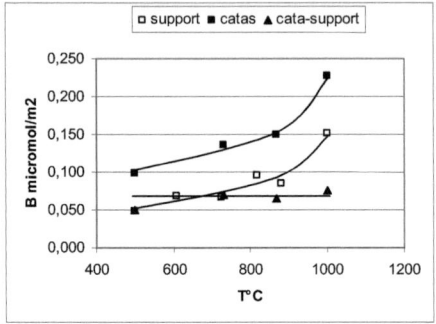

Figure 21 : comparaison de l'acidité totale de Brönsted des supports et des catalyseurs oxydes en fonction de la température de calcination du support

La figure 22 présente l'évolution de l'acidité de Lewis en micromol/m^2 des supports et des catalyseurs calcinés en fonction de la température de calcination et de la température de désorption de la pyridine.

L'acidité de Lewis totale des supports et des catalyseurs oxydes augmente avec la température de calcination du support. Elle est supérieure à celle des supports, aussi bien du point de vue du nombre de sites (désorption à 150°C) que de leur force (la pyridine est retenue à 350°C, contre 300°C sur les supports).

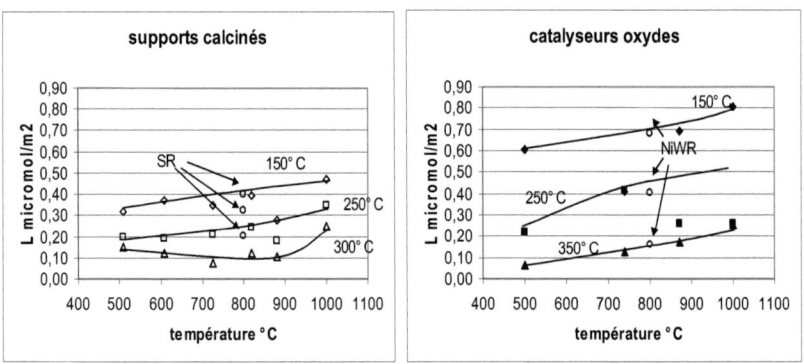

Figure 22 : évolution de l'acidité de Lewis des supports et des catalyseurs en fonction de la température de calcination du support et de la température de désorption de la pyridine

43

L'imprégnation du nickel et du tungstène semble également augmenter l'acidité totale de Lewis. Si on soustrait l'acidité totale des supports de l'acidité totale des catalyseurs on obtient une valeur moyenne de 0,35 qui correspondrait donc à l'acidité de Lewis du nickel et du tungstène.

2.4 Spectroscopie Raman

La structure moléculaire de la phase oxyde NiW des catalyseurs NiW/C890 et NiW/C1000 a été étudiée par spectroscopie Raman. Les spectres Raman obtenus montrent que les catalyseurs sont homogènes à l'échelle du µm (exemple : spectre du catalyseur NiW/C100 figure 23). Des espèces tungstates polymériques sont observées à la surface des catalyseurs, mais il semble que la température de calcination du support n'ait pas d'impact sur la structure de ces espèces.

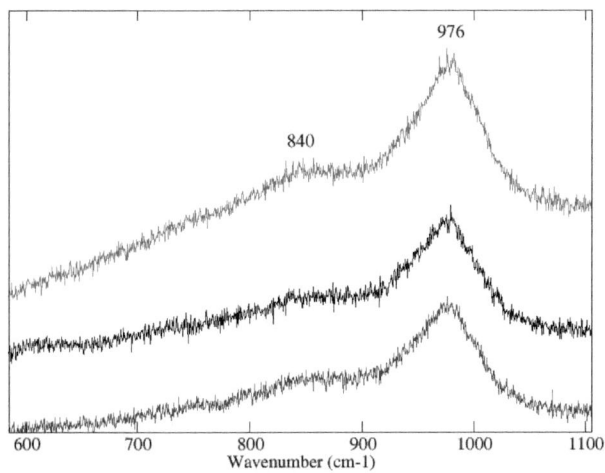

Figure 23 : spectres Raman de trois zones différentes du catalyseur NiW/C1000

3. CARACTERISATIONS PHYSICO-CHIMIQUES DES CATALYSEURS SULFURES

Trois catalyseurs sulfurés ont été préparés à partir des catalyseurs oxydes NiW/C500, NiW/C880 et NiW/C1000. Ces catalyseurs ont été sulfurés à Poitiers dans les conditions de réaction d'hydrocraquage du n-décane (charge : nC_{10} + DMDS + aniline, 60 bar, 0,4°C/min jusqu'à 350°C, puis palier de 6h, puis 1°C/min jusqu'à 400°C) puis récupérés sous atmosphère inerte dans une boite à gants. Les catalyseurs ainsi obtenus ont ensuite été resulfurés à l'IFP sous H_2/H_2S (5°C/min jusqu'à 350°C, puis palier de 2h), puis palier de 2h sous argon à 250°C afin d'éliminer l'H_2S physisorbé. Les échantillons ont ensuite été analysés par XPS et MET, et leur acidité a été mesurée par infra-rouge de CO chimisorbé.

3.1 Spectroscopie Photoélectronique à rayons X (XPS)

Les tableaux 33, 34, 35 et 36 (annexe 5) présente l'ensemble des résultats des analyses XPS obtenus sur les trois catalyseurs. Les analyses quantitatives globales (% massique) indiquent que le rapport Ni/W de surface est proche de 0,2, alors que les analyses des catalyseurs en FX indiquent que le rapport Ni/W est proche de 0,4. Ces résultats montrent donc un déficit de nickel à la surface.

La décomposition du spectre du nickel comporte 4 types d'espèces : $NiAl_2O_4$, NiS, Ni réduit et NiWS. Les résultats montrent que lorsque l'on augmente la température de calcination, on augmente la quantité d'espèces $NiAl_2O_4$. 80 à 90% du nickel se trouve sous forme sulfure (NiS et NiWS), la majorité du nickel se trouvant sous forme NiS.

La décomposition du spectre du tungstène comporte 3 types d'espèces : WO_3, WS_2 et W^{5+}. Les résultats indiquent qu'au moins 70% du tungstène se trouve sous forme WS_2.

La décomposition du spectre du soufre comporte 2 types d'espèces : sulfures (NiS+WS_2) et oxysulfures. La majorité du soufre se trouve sous forme sulfure, mais il semble que la quantité d'oxysulfure augmente avec la température de calcination du support. Les taux de sulfuration globale des catalyseurs sont proches de 80%.

3.2 Microscopie Electronique à Transmission (MET)

Les catalyseurs NiW/C880 et NiW/C1000 sulfurés ont été étudiés par MET afin d'observer la structure de la phase sulfure.

Les résultats obtenus sur les deux échantillons sont proches. Ils indiquent que la phase métallique est visible sous forme de feuillets et de particules :

- les feuillets sont nombreux et répartis de manière assez homogène sur le support (figure 24), la longueur des feuillets est comprise entre 1,2 et 19,3 nm avec une moyenne de 4,4 nm, l'empilement est compris entre 1 et 10 avec une distribution centrée sur 2.

- les particules sont réparties sur le support avec des zones plus concentrées sur les bords de la matrice. Elles sont assez nombreuses et ont des tailles comprises entre 0,8 et 2,5 nm.

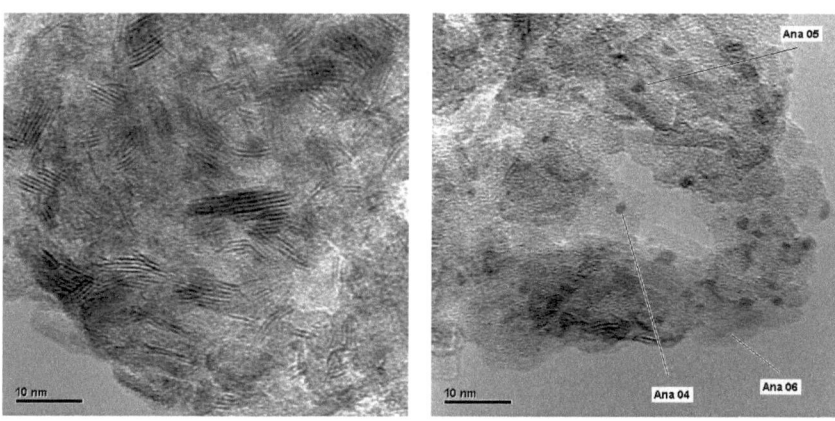

Figure 24 : photo de feuillets (clichés de gauche) et particules (clichés de droite) sur NiW/C1000

Les analyses EDX indiquent que les particules sont beaucoup plus riches en nickel que les feuillets. Certaines particules ne contiennent ni tungstène ni soufre. Le rapport %Ni / %W (atomique) sur les feuillets est de 0,32, ce qui est légèrement inférieur aux résultats obtenus lors des analyses FX (tableau 6), qui donnent un rapport %Ni/%W de 0,38. Ce résultat semble normal car une partie du nickel se trouve dans les particules.

catalyseur	NiW/C870	NiW/C1000
%Ni / %W feuillets MET	0,32	0,31
%Ni / %W analyse FX	0,38	0,39
%Ni / %W analyse XPS	0,2	0,24

Tableau 6 : comparatifs des rapports %Ni / %W obtenus en MET, analyse FX et XPS

Les analyses EDX réalisées sur les feuillets indiquent un rapport Si/Al de 0,96 pour le catalyseur NiW/C880 et de 0,53 pour le catalyseur NiW/C1000 (tableau 7). Pour ce dernier, ces résultats sont proches de ceux obtenus par les analyses FX et les analyses XPS ainsi que des résultats obtenus sur les supports, qui donnaient des rapports Si/Al compris entre 0,6 et 0,7.

catalyseur	NiW/C870	NiW/C1000
Si/Al feuillets MET	0,96	0,53
Si/Al analyse FX	0,66	0,65
Si/Al analyse XPS	0,55	0,53

Tableau 7 : comparatifs des rapport Si/Al obtenus en MET, analyse FX et XPS

3.3 Acidité : IR/CO

Le tableau 8 présente les résultats des analyses IR/CO sur les catalyseurs sulfurés. Les premiers résultats semblent indiquer que l'aire liée aux sites de Brönsted et l'aire liée à la phase sulfure NiWS augmentent avec la température de calcination (figure 25). Cependant cette étude est très incomplète et doit être considérée avec prudence.

catalyseur	aire B/m^2	aire NiWS/m^2
NiW/C500	0,62	1,53
NiW/C1000	0,82	2,31

Tableau 8 : récapitulatifs des résultats IR/CO

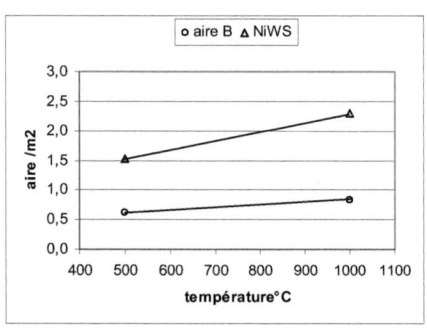

Figure 25 : évolution de l'aire liée aux sites de Brönsted et de l'aire liée à la phase sulfure NiWS en fonction de la température de calcination du support

4. TESTS CATALYTIQUES

4.1 Hydrocraquage du n-décane

4.1.1. Activités totales

La figure 26 montre l'évolution de l'activité des catalyseurs en fonction de la température de calcination du support.

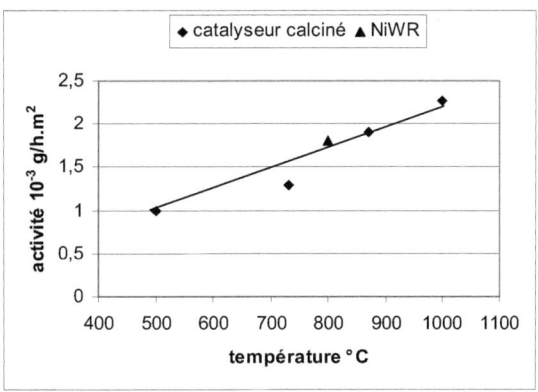

Figure 26 : évolution de l'activité totale en hydrocraquage du n-décane avec la température de calcination du support

On peut observer que l'activité augmente de façon quasi-linéaire avec la température de calcination. Les catalyseurs NiW/C870 et NiW/C1000 sont plus actifs que le catalyseur de référence NiWR.

4.1.2. Sélectivités

Les produits de réaction et le schéma réactionnel sont exactement les mêmes que ceux obtenus sur le catalyseur NiWR (partie I).

La figure 27 compare les sélectivités en isomères monobranchés (M), isomères multibranchés (B), produits de craquage direct (Cd) et produits de craquage bifonctionnel (Cb), à 20 et 50% de conversion du n-décane.

A 20% de conversion du n-décane, les sélectivités des catalyseurs pour les différents produits de réaction sont semblables et sont proches de celles du catalyseur de référence NiWR. On observe également que le craquage est majoritairement direct.

A 50% de conversion les sélectivités des catalyseurs restent semblables à celle du catalyseur de référence. Les sélectivités en isomères monobranchés diminuent au profit des sélectivités en isomères multibranchés et en produits de craquage. Les sélectivités en produits de craquage direct et en produits de craquage bifonctionnel sont semblables.

On peut donc en déduire que la température de calcination du support n'a pas d'effet sur la sélectivité des catalyseurs en hydrocraquage.

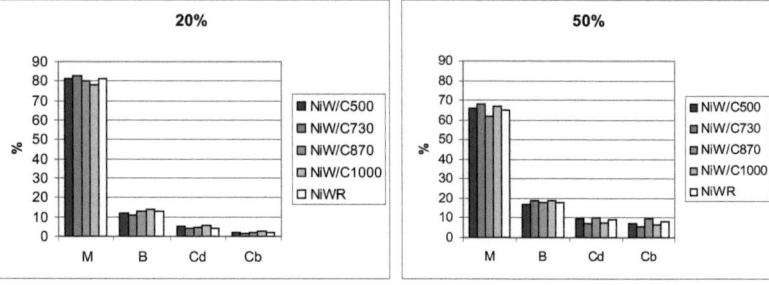

Figure 27 : sélectivité en isomères monobranchés (M), isomères multibranchés (B), produits de craquage direct (Cd) et produits de craquage bifonctionnel (Cb) à 20 et 50% de conversion du n-décane

4.2 Activités isomérisante et hydrogénante

La figure 28 présente l'évolution des activités isomérisante et hydrogénante des catalyseurs avec la température de calcination du support.

L'activité isomérisante augmente avec la température de calcination du support.

L'activité hydrogénante des catalyseurs dépend peu de la température de calcination du support, à l'exception du catalyseur NiW/C500 qui présente une activité hydrogénante un peu plus faible.

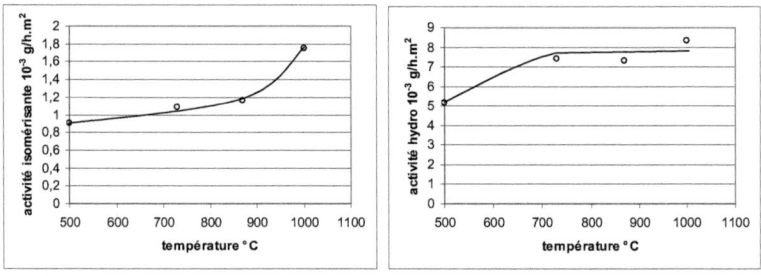

Figure 28 : évolution des activités isomérisante et hydrogénante des catalyseurs avec la température de calcination du support

5. DISCUSSION

Les mesures d'acidité par IR / pyridine indiquent que l'acidité totale de Brönsted des supports et des catalyseurs oxydes augmente avec la température de calcination. La même tendance est observé par IR / CO sur les catalyseurs sulfurés. Il semble donc qu'il pourrait y avoir une bonne corrélation entre l'aire liée aux sites de Brönsted et l'acidité totale de Brönsted des supports.

D'autre part, les caractérisations physico-chimiques des supports par DRX, MET, RMN et Raman ont montré que la température de calcination n'avait pas d'effet sur la cristallinité de l'alumine, ni sur la morphologie, ni sur le rapport Si/Al, ni sur les quantités de sites Al tétraédrique et Al octaédrique des alumine-silicées, ni sur la structure moléculaire de la phase oxyde NiW. Les analyses de la phase sulfures par XPS indiquent que les catalyseurs sont tous correctement sulfurés. Les analyses en MET de la phase sulfures ne montrent pas de différence notable entre les catalyseurs.

De plus nous avons observé que l'activité isomérisante augmentait avec la température de calcination, ce que l'on peut relier à l'augmentation du nombre de sites acides de Brönsted des supports (figure 29).

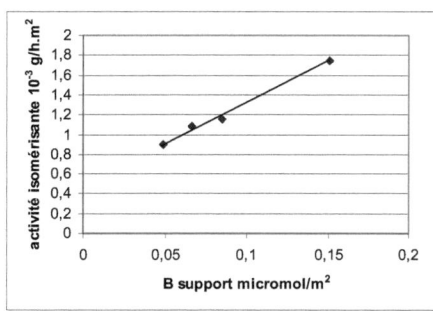

Figure 29 : évolution de l'activité isomérisante en fonction du nombre de sites acides de Brönsted du support

Par contre, l'activité hydrogénante des catalyseurs sulfurés ne dépend pas de la température de calcination. Ce résultat semble normal puisque les catalyseurs sont imprégnés à iso-teneur en nickel et tungstène par nm^2, et que les analyses physico-chimiques n'ont révélé aucune différence entre eux.

Enfin, nous avons observé que l'activité totale des catalyseurs en hydrocraquage du n-décane augmentait lorsque la température de calcination augmentait. Puisque les propriétés hydrogénantes des catalyseurs sont identiques, cette augmentation d'activité doit provenir de l'augmentation de l'acidité du support. Ceci est confirmé par la figure 30.

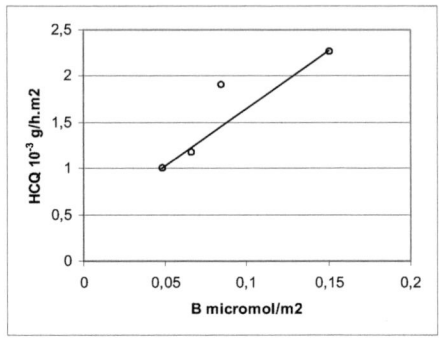

Figure 30 : évolution de l'activité totale en hydrocraquage du n-décane avec le nombre de sites acides de Brönsted du support

L'activité isomérisante des catalyseurs étant elle-même liée à l'acidité, on observe une bonne corrélation entre l'activité totale en hydrocraquage du n-décane et l'activité isomérisante (figure 31).

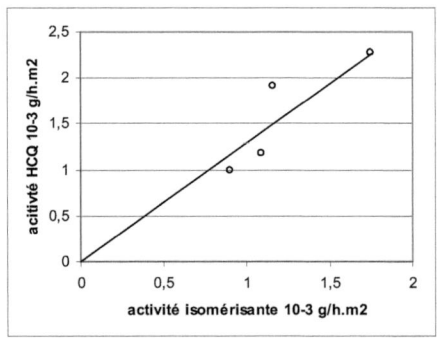

Figure 31 : évolution de l'activité totale en hydrocraquage du n-décane avec l'activité isomérisante

L'augmentation avec la température de calcination de l'activité en hydrocraquage du n-décane des catalyseurs est donc essentiellement due à l'augmentation de l'acidité de Brönsted du support.

Par contre, la température de calcination n'a aucun effet sur la sélectivité des catalyseurs. Il a donc été possible d'augmenter l'activité des catalyseurs en hydrocraquage sans perdre en sélectivité.

Chapitre 2 : Effet de la température de steaming

1. INTRODUCTION

Dans ce second chapitre, nous examinerons l'effet du steaming (traitement à la vapeur d'eau) d'alumines silicées sur les propriétés des catalyseurs NiW/alumine silicée. Le steaming a été réalisé à des températures comprises entre 500 et 900°C. Les supports ainsi obtenus ont été caractérisés du point de vue de leur surface spécifique et porosité (BET), de leur cristallinité (DRX), de leur composition en aluminium tétraédrique et octaédrique (RMN), de leur morphologie et composition (MET) et de leur acidité (infra-rouge de pyridine chimisorbée).

Comme dans le cas des supports calcinés, les supports steamés ont ensuite été imprégnés à iso-teneur en nickel et tungstène par nm^2 (2 at W/nm^2, 0,8 at Ni/nm^2 soit un rapport $Ni/W = 0,4$).

Une 2ème série de catalyseurs a également été préparée à partir de supports steamés, contenant des teneurs en Ni et W par nm^2 différentes : 0,14 ; 0,29 ; 1 et 2,5 at W/nm^2 sur support steamé à 700°C et un catalyseur contenant 3,5 at W/nm^2 sur un support steamé à 900°C.

Les catalyseurs seront désignés par NiW/St, t étant la température de steaming du support. A l'état oxyde, les catalyseurs ont été caractérisés par leur surface spécifique, leur porosité (BET), et leur acidité (infra-rouge de pyridine chimisorbée). La structure moléculaire de la phase oxyde NiW a par ailleurs été étudiée par spectroscopie Raman. Après sulfuration, les catalyseurs ont été caractérisés par leur acidité (infra-rouge de CO adsorbé), la morphologie de la phase sulfure (MET) et la composition de surface (XPS).

Enfin les catalyseurs ont été testés en hydrocraquage du n-décane, et leurs activités isomérisante et hydrogénante ont été mesurées dans les conditions de l'hydrocraquage.

2. CARACTERISATIONS PHYSICO-CHIMIQUES DES SUPPORTS ET DES CATALYSEURS OXYDES

2.1 Surface et volume poreux

La figure 32 montre l'évolution de la surface des supports et des catalyseurs oxydes en fonction de la température de steaming.

On peut observer que la surface du support diminue lorsque la température de steaming augmente et que la surface des catalyseurs diminue fortement après imprégnation comme c'était le cas avec les catalyseurs à partir de support calcinés. La surface du support de référence est supérieure à celle des supports steamés. Comme nous l'avions signalé dans le chapitre 1, ce support a été calciné en présence de vapeur d'eau, et se comporte donc de façon intermédiaire entre les supports calcinés et les supports steamés.

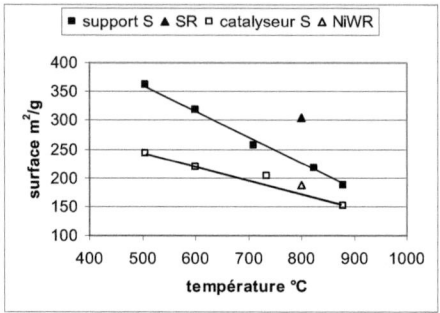

Figure 32 : évolution de la surface des supports et catalyseurs oxydes en fonction de la température de steaming du support

La figure 33 montre que le volume poreux du support semble diminuer légèrement lorsque la température de steaming augmente. On observe également que le volume poreux des catalyseurs est inférieur à celui du support, mais ce volume poreux est indépendant de la température de steaming.

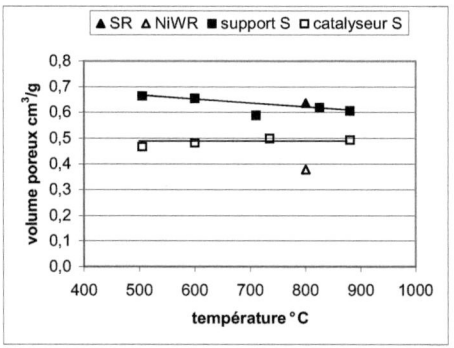

Figure 33 : évolution du volume poreux des supports et des catalyseurs oxydes en fonction de la température de steaming du support

Le diamètre moyen des pores du support augmente de façon linéaire avec la température de steaming (figure 34), comme c'était le cas avec les supports calcinés. Il n'y a absolument aucune modification après imprégnation du nickel et du tungstène.

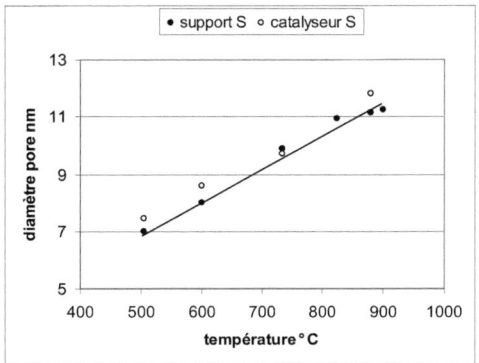

Figure 34 : évolution du diamètre des pores des supports et des catalyseurs oxydes avec la température de steaming du support

2.2 DRX, MET et RMN des supports

2.2.1. Diffraction des Rayons X (DRX)

Les supports steamés à 600 et 880°C ont été caractérisés par DRX, afin d'observer si la phase de l'alumine évoluait avec la température de steaming.

Les analyses montrent comme pour les supports calcinés que, pour les deux supports, l'alumine est sous forme γ. On observe également que la cristallinité de l'alumine augmente lorsque la température de steaming augmente (figure 35).

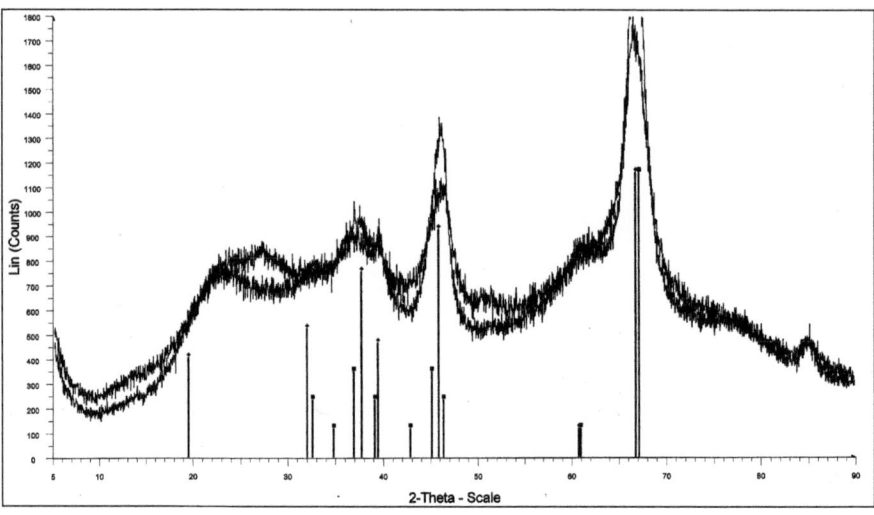

Figure 35 : spectres DRX des support steamés à 600 et 880°C

2.2.2. Microscopie Electronique à Transmission (MET)

Les résultats obtenus avec les supports steamés à 500 et 880°C montrent que les deux supports présentent des morphologies similaires, composées de deux phases identiques à celles observées sur les supports calcinés.

Les analyses EDX indiquent que les deux supports présentent des compositions assez homogènes (au niveau de la taille de la zone étudiée) et que le rapport Si/Al moyen est compris entre 0,6 et 0,7. La température de steaming, comme la température de calcination, n'a donc pas d'effet sur la morphologie ni sur le rapport Si/Al des alumines silicées.

2.2.3. Résonnance Magnétique Nucléaire (RMN)

Les supports steamés à 500 et 880°C présentent des quantités de sites Al tétraédriques et Al octaédriques proches. Ces quantités sont semblables à celles obtenus sur les supports calcinés. La température de steaming ne semble donc pas avoir d'effet sur la composition des sites aluminium des alumines silicées.

2.3 Acidité : IR/pyridine

La figure 36 présente l'évolution de l'acidité de Brönsted en micromol/m^2 des supports et des catalyseurs oxydes en fonction de la température de steaming et de la température de désorption de la pyridine. L'acidité totale de Brönsted (pyridine restant adsorbée à 150°C) des supports semble augmenter légèrement avec la température de steaming, tandis que celle des catalyseurs oxydes ne semble pas en dépendre. L'acidité totale des catalyseurs est supérieure à celle des supports, et les sites acides semblent plus forts puisqu'ils retiennent la pyridine à plus haute température. De plus tous les supports et catalyseurs oxydes sont plus acides que le support et le catalyseur de référence (SR et NiWR, respectivement).

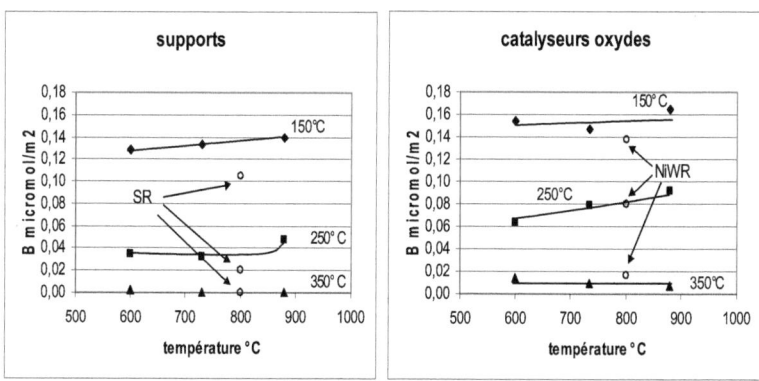

Figure 36 : évolution de l'acidité de Brönsted des supports et des catalyseurs oxydes en fonction de la température de steaming du support

L'imprégnation par le nickel et le tungstène semble donc augmenter l'acidité totale de Brönsted. Cette augmentation peut être estimée en soustrayant l'acidité des supports de l'acidité des catalyseurs (figure 37) : on obtient une valeur moyenne de 0,022 micromol/m^2 qui correspondrait à l'acidité du nickel et du tungstène. Cette acidité serait donc plus faible que dans le cas des catalyseurs calcinés (0,065).

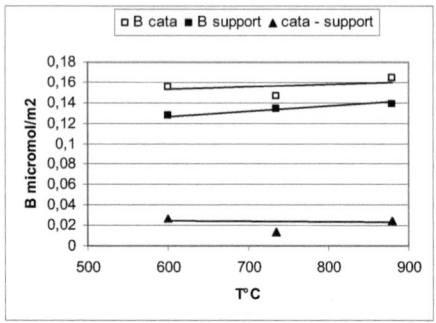

Figure 37 : comparaison de l'acidité totale de Brönsted des supports et des catalyseurs oxydes en fonction de la température de steaming du support

La figure 38 présente l'évolution de l'acidité de Lewis en micromol/m² des supports et des catalyseurs oxydes en fonction de la température de steaming et de la température de désorption de la pyridine. L'acidité totale de Lewis des supports et des catalyseurs semble indépendante de la température de steaming. L'acidité totale des catalyseurs oxydes est supérieure à celle des supports.

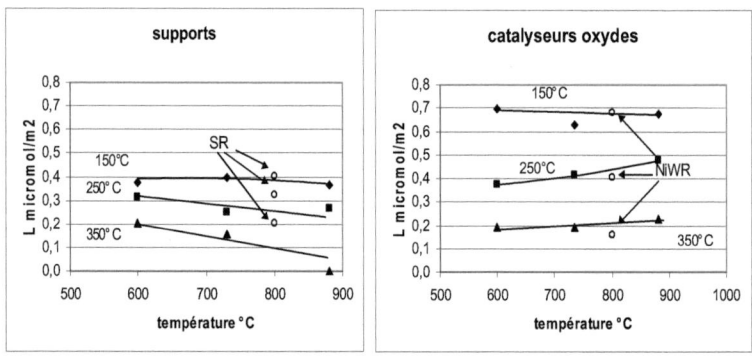

Figure 38 : évolution de l'acidité de Lewis des supports et des catalyseurs oxydes avec la température de steaming du support

L'imprégnation du nickel et du tungstène semble également augmenter l'acidité totale de Lewis. Si on soustrait l'acidité totale des supports de l'acidité totale des catalyseurs on obtient une valeur moyenne de 0,31 qui correspondrait donc à l'acidité de Lewis du nickel et du tungstène. Cette acidité est proche de celle obtenus avec les catalyseurs calcinés (0,35).

2.4 Spectroscopie Raman

Les spectres Raman des catalyseurs obtenus à partir de supports steamés à 600, 700 et 880°C mettent en évidence la présence en surface d'espèces tungstates polymériques dispersées (exemple : spectres du catalyseur NiW/S600, figure 39), mais leur structure varie d'un catalyseur à l'autre. Il est toutefois difficile d'obtenir plus d'informations structurales sur la seule base du spectre Raman.

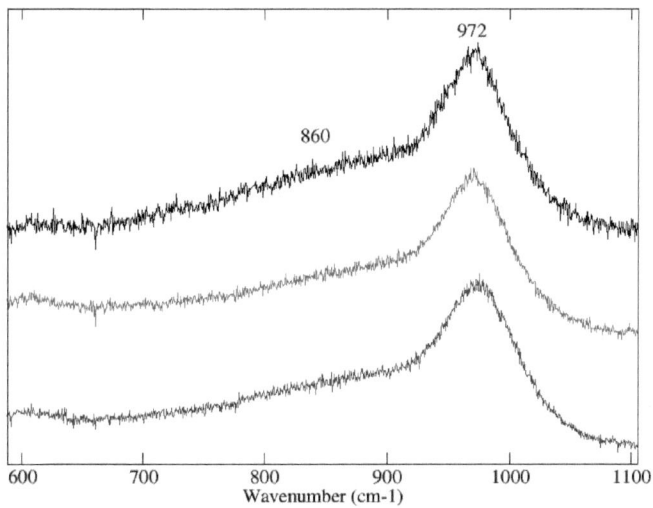

Figure 39 : spectres Raman de trois zones différentes du catalyseur NiW/S600

3. CARACTERISATION PHYSICO-CHIMIQUES DES CATALYSEURS SULFURES

Les catalyseurs oxydes NiW/S600, NiW/S735 et NiW/S880 ont été sulfurés à Poitiers dans les conditions de réaction d'hydrocraquage du n-décane, puis récupérés sous atmosphère inerte dans une boite à gants. Les catalyseurs ainsi obtenus ont ensuite été analysés à l'IFP par XPS, MET et leur acidité a été mesurée par infra-rouge de CO chimisorbé.

3.1 Spectroscopie Photoélectronique par rayons X (XPS)

Les tableaux 33, 34, 35 et 36 (annexe 5) présente l'ensemble des résultats des analyses XPS obtenus sur les trois catalyseurs. Les résultats obtenus sont proches de ceux obtenus avec les catalyseurs obtenus à partir des support calcinés.

La décomposition du spectre du nickel comporte 4 types d'espèces : $NiAl_2O_4$, NiS, Ni réduit et NiWS. Lorsque l'on augmente la température de steaming, on augmente la quantité d'espèces $NiAl_2O_4$. 80 à 90% du nickel se trouve sous forme sulfure (NiS et NiWS), la majorité du nickel se trouvant sous forme NiS.

La décomposition du spectre du tungstène comporte 3 types d'espèces : WO_3, WS_2 et W^{5+}. Les résultats indiquent qu'au moins 70% du tungstène se trouve sous forme WS_2.

La décomposition du spectre du soufre comporte 2 types d'espèces : sulfures (NiS+WS_2) et oxysulfures. La majorité du soufre se trouve sous forme sulfure, mais il semble que la quantité d'oxysulfure augmente avec la température de calcination du support. Les taux de sulfuration globale des catalyseurs sont proches de 80%.

3.2 Microscopie Electronique à Transmission (MET)

Les résultats obtenus sur les deux catalyseurs NiW/S735 et NiW/S880 sulfurés sont très proches, et semblables à ceux obtenus sur les catalyseurs obtenus à partir des supports calcinés. La phase métallique est visible sous forme de feuillets et de particules :
- les feuillets sont nombreux et répartis de manière assez homogène sur le support (figure 40), la longueur des feuillets est comprise entre 1,5 et 15,9 nm avec une moyenne de 4,4 nm, l'empilement est compris entre 1 et 10 avec une distribution centrée sur 2
- les particules réparties sur le support sont assez nombreuses et ont des tailles comprises entre 1 et 2,5 nm.

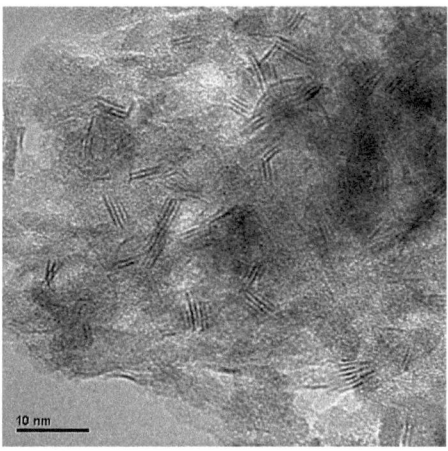

Figure 40 : photo des feuillets (catalyseur NiW/S735)

Les analyses EDX indiquent que les particules sont beaucoup plus riches en nickel que les feuillets, certaines ne contenant ni tungstène ni soufre. Le rapport %Ni / %W (atomique) sur les feuillets est de 0,38, ce qui est proche des résultats obtenus lors des analyses FX, qui donnent un rapport %Ni / %W de 0,39 (tableau 9). La composition des feuillets en nickel et tungstène est proche de la composition des catalyseurs oxydes de départ. Cependant le faible rapport %Ni / %W mesuré par XPS semble indiquer qu'une partie du nickel se trouve à l'intérieur du support.

catalyseur	NiW/S735	NiW/S880
%Ni / %W feuillets MET	0,38	0,38
%Ni / %W analyse FX	0,4	0,38
%Ni / %W analyse XPS	0,22	0,21

Tableau 9 : comparaison des rapports %Ni / %W obtenus en MET, analyse FX et XPS

Les analyses EDX réalisées sur les feuillets indiquent un rapport Si/Al de 0,75 pour le catalyseur NiW/S735 et de 0,73 pour le catalyseur NiW/C880 (tableau 10). Ces résultats sont proches de ceux obtenus par les analyses FX et les analyses XPS ainsi que des résultats obtenus sur les supports calcinés qui donnaient des rapports Si/Al compris entre 0,6 et 0,7.

catalyseur	NiW/S735	NiW/S880
Si/Al feuillets MET	0,75	0,73
Si/Al analyse FX	0,67	0,65
Si/Al analyse XPS	0,59	0,56

Tableau 10 : comparaison des rapports Si/Al obtenus en MET, analyse FX et XPS

3.3 Acidité : IR/CO

Le tableau 11 présente les résultats des analyses IR/CO sur les catalyseurs obtenus à partir des support steamés. Les premiers résultats semblent indiquer que l'aire liée aux sites de Brönsted augmente avec la température de steaming, tandis que l'aire liée à NiWS diminue (figure 41). Cependant, comme pour les catalyseurs obtenus à partir de support calciné, ces résultats sont trop partiels et n'indiquent donc qu'une tendance qui reste à confirmer.

catalyseur	aire B/m^2	aire NiWS/m^2
NiW/S735	0,66	1,76
NiW/S880	1,07	1,07

Tableau 11 : récapitulatifs des résultats IR/CO

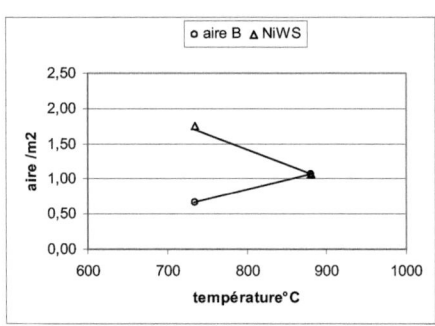

Figure 41 : évolution avec la température de steaming du support de l'aire liée aux sites de Brönsted et de l'aire liée à la phase sulfure NiWS

4. TEST CATALYTIQUES

4.1 Hydrocraquage du n-décane

4.1.1. Activités totales

La figure 42 montre l'évolution de l'activité totale en hydrocraquage du n-décane des catalyseurs en fonction de la température de steaming.

Cette activité augmente avec la température de steaming. Les catalyseurs steamés sont tous plus actifs que le catalyseur de référence.

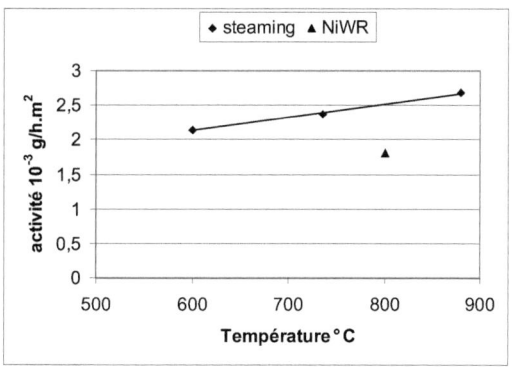

Figure 42 : évolution de l'activité totale en hydrocraquage du n-décane en fonction de la température de steaming du support

4.1.2. Sélectivités

A 20 comme à 50% de conversion du n-décane (figure 43), les catalyseurs steamés ont des sélectivités identiques pour la formation des différents produits de réaction (isomères monobranchés, multibranchés, produits de craquage direct et produits de craquage bifonctionnel). Ces sélectivités sont semblables à celles du catalyseur de référence. La température de steaming n'a donc pas d'effet sur la sélectivité des catalyseurs.

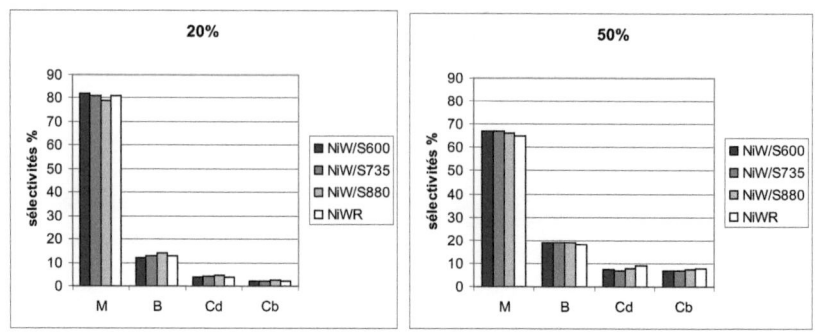

Figure 43 : sélectivité en isomères monobranchés (M), isomères multibranchés (B), produits de craquage direct (Cd) et produits de craquage bifonctionnel (Cb) à 20 et 50% de conversion du n-décane

4.2 Activités isomérisante et hydrogénante

La figure 44 présente l'évolution des activités isomérisante et hydrogénante des catalyseurs en fonction de la température de steaming. L'activité hydrogénante semble indépendante de la température de steaming, tandis que l'activité isomérisante augmente légèrement avec la température de steaming.

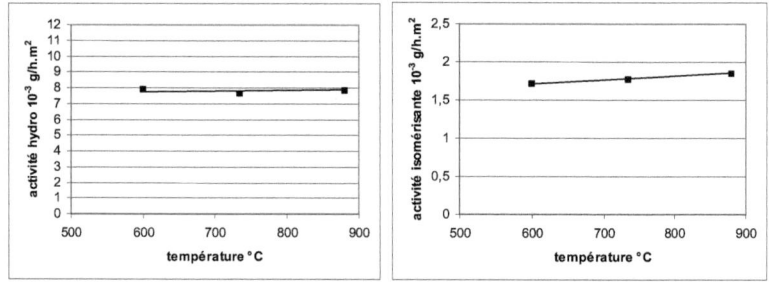

Figure 44 : évolution des activités isomérisante et hydrogénante en fonction de la température de steaming du support

5. EFFET DE LA TENEUR EN TUNGSTENE

Une deuxième série de catalyseurs a été préparée à partir des supports steamés en faisant varier la teneur en nickel et tungstène, afin d'étudier l'influence de la phase hydrogénante sur les activités en hydrocraquage du n-décane et les activités isomérisante et hydrogénante. Nous avons ainsi préparé une série de catalyseur à partir de support steamés à

700°C avec des teneurs en nickel et tungstène divisées par 2, 5 et 10 ou multiplié par 1,25 par rapport au catalyseur NiW/S735 (catalyseur de la première série). Les catalyseurs ainsi obtenus sont nommé 0,5NiW/S700, 0,2NiW/S700, 0,1NiW/S700 et 1,25NiW/S700. Nous avons également préparé un catalyseur avec une teneur de 3,5 at W/nm² sur un support steamé à 900°C. Ce catalyseur sera nommés NiW/S900.

5.1 Surface et volume poreux

La figure 45 montre que la surface des catalyseurs diminue quand leur teneur en tungstène par nm² augmente. Ces catalyseurs ayant tous été préparés à partir du support steamé à 700°C, donc de même surface, cette diminution est donc liée uniquement à la teneur en tungstène.

Le même résultats est obtenu pour le volume poreux des catalyseurs (figure 46).

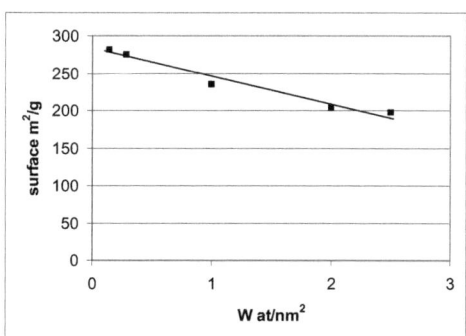

Figure 45 : évolution de la surface des catalyseurs en fonction de la teneur en tungstène par nm²

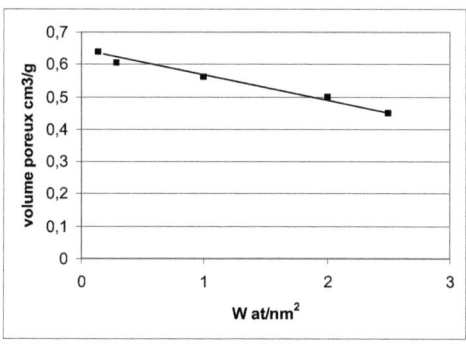

Figure 46 : évolution du volume poreux des catalyseurs en fonction de la teneur en tungstène par nm²

5.2 Acidité : IR/pyridine

La figure 47 montre que l'acidité totale de Brönsted semble augmenter avec la teneur en tungstène.

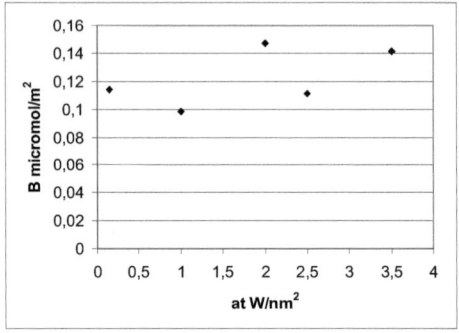

Figure 47 : évolution de l'acidité totale de Brönsted en fonction de la teneur en tungstène par nm^2

5.3 Hydrocraquage du n-décane

L'activité totale en hydrocraquage du n-décane augmente fortement avec la teneur en tungstène (figure 48).

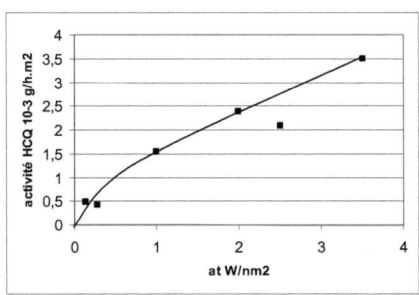

Figure 48 : évolution de l'activité totale en hydrocraquage du n-décane en fonction de la teneur en tungstène par nm^2

5.4 Sélectivités

La figure 49 présente les sélectivités en isomères monobranchés, isomères multibranchés, produits de craquage direct et produits de craquage bifonctionnel des catalyseurs à 20% de conversion du n-décane.

On observe que lorsque la teneur en tungstène augmente la sélectivité en isomères monobranchés augmente, tandis que les sélectivités en isomères multibranchés, produits de craquage direct et produits de craquage bifonctionnel diminuent.

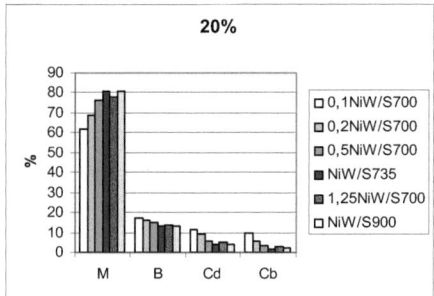

Figure 49 : sélectivités en isomères monobranchés, isomères multibranchés, produits de craquage direct et produits de craquage bifonctionnel à 20% de conversion du n-décane

5.5 Activité hydrogénante et activité isomérisante

La figure 50 présente l'évolution de l'activité hydrogénante et isomérisante en fonction de la teneur en tungstène. On peut observer que l'activité hydrogénante et l'activité isomérisante augmentent avec la teneur en tungstène.

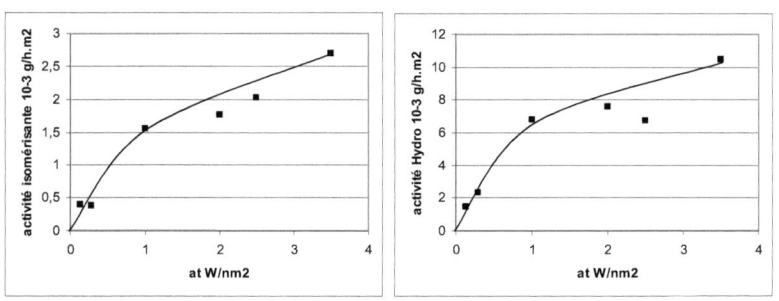

Figure 50 : évolution de l'activité hydrogénante et de l'activité isomérisante en fonction de la teneur en tungstène par nm^2

6. DISCUSSION

Les caractérisations physico-chimiques des supports par DRX, MET et RMN ont montré que la température de steaming n'avait pas d'effet sur la cristallinité de l'alumine, ni sur le rapport Si/Al, ni sur la morphologie, ni sur les quantités de sites Al tétraédrique et Al octaédrique des alumines silicées. Les analyses de la structure moléculaire de la phase oxyde NiW par spectroscopie Raman indiquent que la structure des espèces tungstates supportées différent selon la température de steaming des supports. Cependant les analyses de la phase sulfure par XPS indiquent que les catalyseurs sont tous correctement sulfurés. Les analyses en MET de la phase sulfure ne montrent pas de différence notable entre les catalyseurs.

Les mesures d'acidité par IR/pyridine indique que l'acidité totale de Brönsted des supports augmente avec la température de steaming. En revanche l'acidité totale de Brönsted des catalyseurs est peu dépendante de la température de steaming. De plus les résultats IR/CO sur les catalyseurs sulfurés indiquent que l'aire liée aux sites de Brönsted augmente avec la température de steaming du support.

Nous avons observé que l'activité totale en hydrocraquage du n-décane augmentait lorsque la température de steaming du support augmentait pour les catalyseurs de la première série à isoteneur en nickel et tungstène. Cette augmentation peut être reliée à celle de l'activité isomérisante (figure 51) ou au nombre de sites acides de Brönsted des supports (figure 52), mais pas à l'activité hydrogénante, celle ci étant la même pour tous les catalyseurs, ce qui est normal puisqu'ils ont la même teneur en nickel et tungstène.

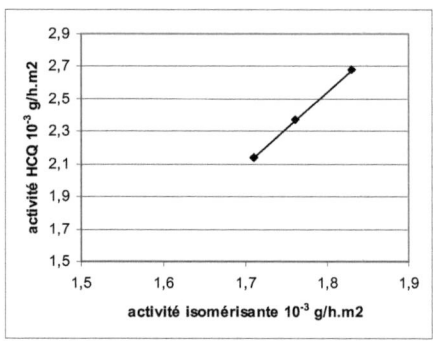

Figure 51 : évolution de l'activité totale en hydrocraquage du n-décane en fonction de l'activité isomérisante

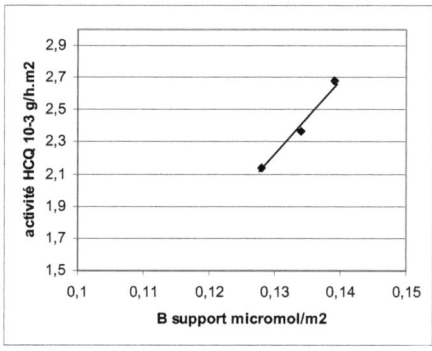

Figure 52 : évolution de l'activité totale en hydrocraquage du n-décane en fonction du nombre de sites acides de Brönsted du support

L'augmentation avec la température de steaming de l'activité totale en hydrocraquage du n-décane des catalyseurs est donc due à l'augmentation du nombre de sites acides de Brönsted des supports, donc à une augmentation de l'activité isomérisante.

En revanche, la température de steaming n'a pas d'effet sur la sélectivité des catalyseurs.

D'autre part l'activité en hydrocraquage augmente avec la teneur en tungstène ainsi que les activités hydrogénante et isomérisante. Or la première étape de l'hydrocraquage du n-décane et de l'isomérisation du cyclohexane est une étape de déshydrogénation. Par conséquent si l'activité hydrogénante est trop faible, elle peut limiter l'activité en hydrocraquage du n-décane et l'activité isomérisante. Ces résultats semblent indiquer que l'activité totale en hydrocraquage du n-décane peut être limitée par l'activité hydrogénante (figure 53).

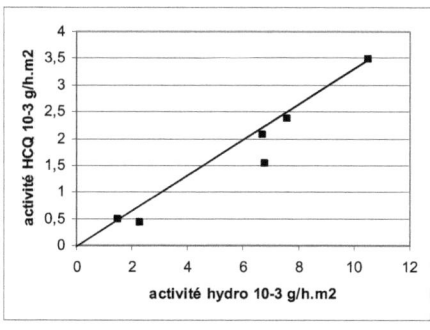

Figure 53 : évolution de l'activité totale en hydrocraquage du n-décane en fonction de l'activité hydrogénante

Partie III : Protection et création de sites acides sur alumine silicée

Chapitre 1 : protection des sites acides

1. INTRODUCTION

Dans ce chapitre, nous étudierons la possibilité de protéger les sites acides des alumines silicées lors de l'imprégnation du nickel et du tungstène. La méthode utilisée, qui consiste à saturer le support par de la pyridine avant l'imprégnation, a été appliquée aux supports calcinés à 730 et 750°C et à celui steamé à 700°C.

Après l'imprégnation par Ni et W, les catalyseurs peuvent subir deux traitements différents :
- dans le premier cas, ils sont calcinés avant d'être sulfurés dans le réacteur d'hydrocraquage, comme c'était le cas de tous les catalyseurs utilisés jusqu'à présent. Ils seront désignés par NiW/Ct PyC et NiW/St PyC (par exemple NiW/C750 PyC).
- dans le second cas, ils sont sulfurés sans calcination préalable. Ils seront désignés par NiW/Ct Py et NiW/St Py (par exemple NiW/S710 Py).

Les catalyseurs oxydes ont été analysés par spectroscopie Raman afin d'étudier la structure moléculaire de la phase NiW. Après sulfuration, les catalyseurs ont été caractérisés du point de vue de leur acidité par infra-rouge du CO adsorbé, de leur morphologie (MET), de leur composition (XPS) et analyse C,H,N,S. Enfin ils ont été testés en hydrocraquage du n-décane, et leurs activités isomérisante et hydrogénante ont été mesurées dans les conditions de l'hydrocraquage. Les résultats obtenus ont été comparés à ceux obtenus avec le catalyseur NiW/C730 (catalyseur de l'étude sur l'effet de la température de calcination, partie II) pour les catalyseurs obtenus à partir de supports calcinés et au catalyseur NiW/S735 (catalyseur de l'étude sur l'effet de la température de steaming, partie II) pour les catalyseur obtenus à partir de supports steamés.

2. CARACTERISATION PHYSICO-CHIMIQUE DES CATALYSEURS NON SULFURES

Les analyses des catalyseurs traités à la pyridine par spectroscopie Raman ont montré que le catalyseur NiW/S710 Py n'est pas homogène au niveau de la couleur. Le catalyseur est vert sur sa surface externe et sur les zones proches de cette surface. Le cœur de l'extrudé, quant à lui, est blanc. Cette différence s'observe également au niveau des spectres Raman (figure 54). Les bandes Raman observées traduisent principalement la présence de la pyridine. On observe également la présence de bandes liées aux ions nitrates et aux espèces métatungstates $H_2W_{12}O_{40}$, déposées sur le support.

Dans les zones proches du cœur de l'extrudé, on observe toujours les nitrates mais plus de bandes correspondant aux métatungstates. En ce qui concerne la pyridine, en plus de la pyridine adsorbée sur les sites de Lewis, on observe des molécules de pyridine en interaction avec des sites acides de Brönsted. Enfin, il semble que la quantité en pyridine au cœur de l'extrudé soit plus faible que sur les bords. Plusieurs raisons peuvent expliquer la non-homogénéité spatiale de ce catalyseur. Il est possible que lors de la phase d'imprégnation de la pyridine, la maturation n'ait pas été assez longue pour obtenir une concentration homogène en pyridine. Une autre explication serait que la concentration en pyridine introduite n'est pas suffisante pour réagir avec tout les sites acides (même si le catalyseur a "vu " 10 fois plus de pyridine qu'il n'a de sites acides de Brönsted). Enfin, la pyridine pourrait également induire des modifications lors de l'imprégnation des métaux.

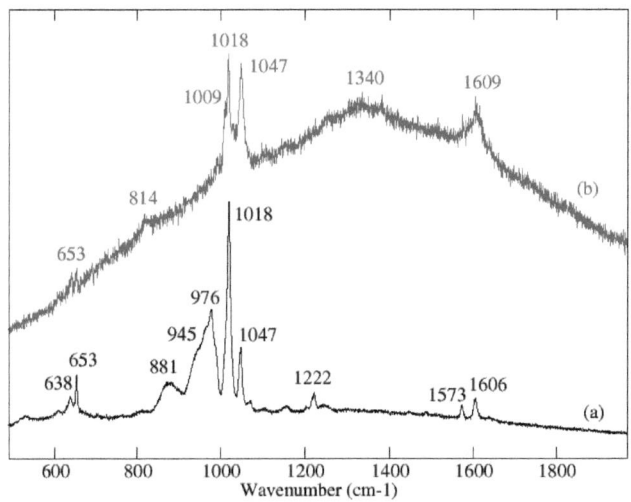

Figure 54: spectres Raman du catalyseur NiW/S700Py : (a) surface externe et bord de l'extrudé et (b) cœur de l'extrudé

Avec le catalyseur NiW/S710PyC, on retrouve une distinction marquée entre les zones proches du bord du catalyseur et celles au cœur de l'extrudé (figure 55). Les extrudés présentent également une couleur verte sur les zones proches de la surface externe et blanche sur les zones proches du cœur. Les bandes de pyridine ont disparu. Pour les zones proches du bord de l'extrudé, on observe des particules d'oxyde de tungstène WO_3 ainsi que des espèces tungstates polymériques de surface dispersées. Ces zones présentent une quantité importante de cristallites de WO_3.

Pour les zones proches du cœur, on ne distingue plus d'espèces tungstates de surface ni de particules de WO_3.

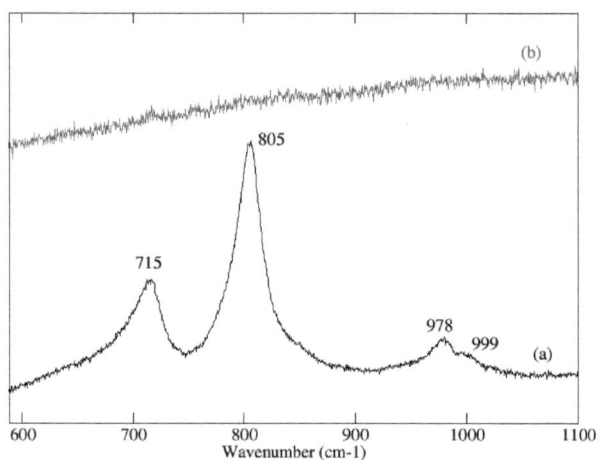

Figure 55 : spectres Raman du catalyseur NiW/S700PyC : (a) surface externe et bord de l'extrudé et (b) cœur de l'extrudé

Pour terminer il faut constater que ces catalyseurs en terme de structure des tungstates en surface sont foncièrement différents du catalyseur de référence sans pyridine qui est plus homogène et ne présente pas de cristallites.

3. CARACTERISATIONS PHYSICO-CHIMIQUES DES CATALYSEURS SULFURES

3.1 Spectroscopie Photoélectronique des rayons X (XPS)

Les résultats des analyses XPS (tableau 33, 34, 35 et 36 annexe 5) montrent que les catalyseurs NiW/S710 Py et NiW/S710 PyC possèdent des quantités de tungstène en surface plus importantes que le catalyseur NiW/S735. De plus le catalyseur NiW/S710 PyC présente une quantité plus importante de nickel en surface que le catalyseur NiW/S710 Py. Ce nickel est plus sous forme NiAl$_2$O$_4$ et nickel réduit mais moins sous forme NiS et NiWS. Ceci explique pourquoi le catalyseur NiW/S710 PyC présente un taux de sulfuration (74%) inférieur à celui du catalyseur NiW/S710 Py, qui semble correctement sulfuré avec un taux de sulfuration global de 80%, comparable à celui des catalyseurs non traités à la pyridine (partie II).

3.2 Microscopie Electronique à Transmission (MET)

Le catalyseur sulfuré NiW/S710 Py présente une morphologie très différente de celle des catalyseurs non traités à la pyridine. En effet, la phase sulfure se présente sous forme de grosses particules de nickel de taille variant de 20 à 50 nm ou de petites particules de nickel de 1 à 2 nm (figure 56). On observe également de gros amas de feuillets de WS$_2$ en forme de "pelote" de taille comprise entre 50 et 100 nm (figure 57). En dehors de ces amas, les feuillets sont peu nombreux et très rarement observés. L'adsorption préalable de pyridine sur le support modifie donc considérablement la répartition du nickel et du tungstène lors de la phase d'imprégnation.

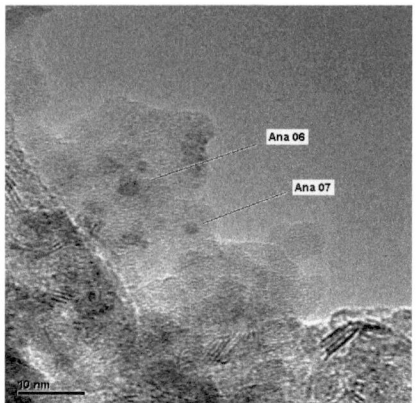 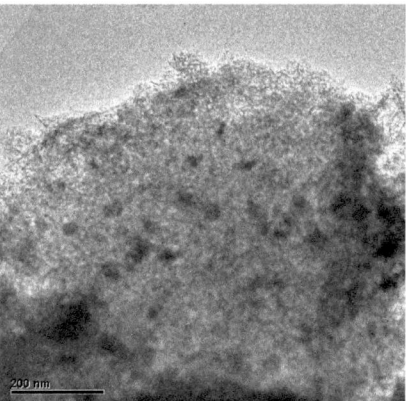

Figure 56 : particule de nickel sur catalyseur NiW/S735 (à gauche) et catalyseur NiW/S710 Py (à droite)

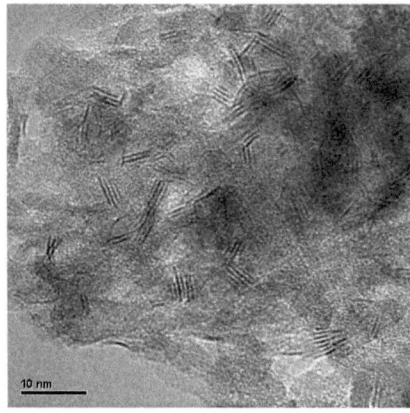 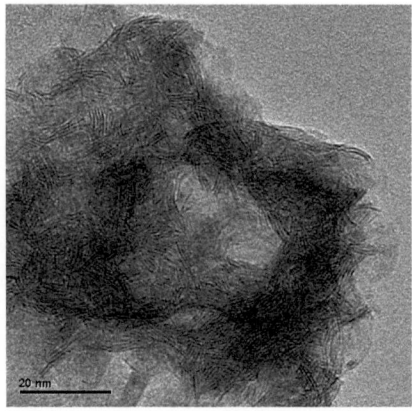

Figure 57 : feuillets WS$_2$ sur catalyseur NiW/S735 (à gauche) et catalyseur NiW/S710 Py (à droite)

Si on compare les résultats des analyses physico-chimiques de la phase sulfure par XPS et MET avec ceux des analyses en FX du catalyseur non sulfuré (tableau 12), on observe que les seules différences résultant du traitement par la pyridine sont observées par MET des feuillets et XPS : le catalyseur traité à la pyridine présente un rapport %Ni / %W de 0,21 ou 0,14 tandis que le catalyseur non traité à la pyridine présente un rapport %Ni / %W de 0,38 ou 0,21. Les feuillets du catalyseur traité à la pyridine contiennent donc moins de nickel que ceux du catalyseur non traité à la pyridine, ce qui s'explique par la présence de grosses particules de nickel à la surface du catalyseur.

catalyseur	NiW/S735	NiW/S710 Py
%Ni / %W feuillets MET	0,38	0,21
%Ni / %W analyse FX	0,4	0,41
%Ni / %W analyse XPS	0,22	0,14

Tableau 12 : comparaison des rapports %Ni / %W obtenus par MET, FX et XPS

Les analyses EDX réalisées sur les feuillets indiquent un rapport Si/Al de 0,61 pour le catalyseur NiW/S710 Py et de 0,75 pour le catalyseur NiW/S735 (tableau 13). Ces résultats sont proches de ceux obtenus par les analyses FX et les analyses XPS.

catalyseur	NiW/S735	NiW/S710 Py
Si/Al feuillets MET	0,75	0,61
Si/Al analyse FX	0,67	0,65
Si/Al analyse XPS	0,59	0,59

Tableau 13 : comparaison des rapports Si/Al obtenus par analyse MET, FX et XPS

3.3 Acidité IR/CO

L'aire liée aux sites de Brönsted est beaucoup plus importante sur le catalyseur NiW/S710 Py que sur les catalyseurs NiW/S735 et NiW/S710 PyC (tableau 14), ce qui semblerait indiquer que la pyridine aurait effectivement protégé les sites acides sur ce catalyseur. Cependant cette aire diminue fortement après calcination du catalyseur (NiW/S710 PyC). Ce résultat semble indiquer que la calcination des catalyseurs traités à la pryidine diminuerait leur acidité. On observe également sur le catalyseur NiW/S710 Py une bande liée aux OH (figure 58) identique à celle observée sur les catalyseurs oxydes mais jamais observée jusqu'à présent sur les catalyseurs sulfurés.

Enfin, l'aire de la bande liée à la phase sulfure NiWS est beaucoup plus faible sur le catalyseur NiW/S710 Py que sur le catalyseur NiW/S735, tandis que le catalyseur NiW/S710 PyC présente une aire liée à la phase sulfure supérieure à celle du catalyseur NiW/S710 Py mais toujours très inférieure à celle du catalyseur NiW/S735.

catalyseur	aire B/m^2	aire NiWS/m^2
NiW/S735	0,66	1,76
NiW/S710 Py	1,65	0,18
NiW/S710 PyC	0,80	0,55

Tableau 14 : **récapitulatifs des résultats IR / CO**

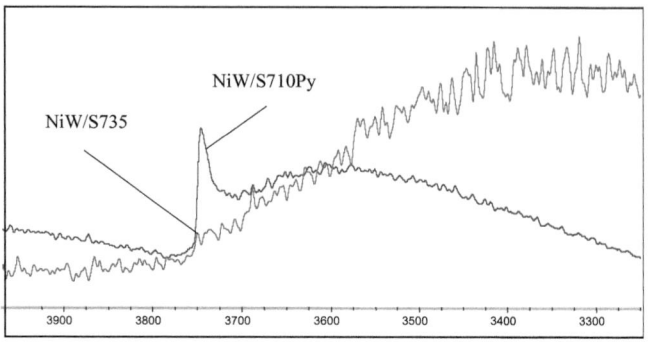

Figure 58 : spectre IR/CO catalyseur NiW/S710Py et NiW/S735

3.4 Analyse C,H,N,S

Le tableau 15 présente les résultats des analyses C,H,N,S des catalyseurs sulfurés. Ces résultats indiquent que le catalyseur traité à la pyridine calciné présente une quantité de carbone plus importante que celle du catalyseur traité à la pyridine non calciné, qui présente quant à lui une quantité de carbone identique à celle du catalyseur non traité à la pyridine. Il apparaît donc que la pyridine ne brûlerait pas complètement lors de la calcination ce qui entraînerait un dépôt "coke" à la surface du catalyseur. Dans le cas du catalyseur non calciné, il est probable que la pyridine soit décomposée pendant la sulfuration, dès que la phase sulfure se forme, par une réaction d'hydrotraitement.

Ces analyses montrent également qu'il n'y a pas d'azote déposé sur les catalyseurs traités à la pyridine. Le "coke" formé sur le catalyseur traité à la pyridine et calciné serait donc uniquement hydrocarboné. Enfin, on peut observer que les catalyseurs traités à la pyridine contiennent moins de soufre que le catalyseur non traités.

	NiW/S700	NiW/S710 Py	NiW/S710 PyC
%C	0,72	0,76	0,95
%H	1,40	0,90	1,08
%N	0	0	0
%S	4,25	3,70	3,27

Tableau 15 : résultats des analyses C,H,N,S des catalyseurs sulfurés

4. TESTS CATALYTIQUES

4.1 Hydrocraquage du n-décane

Le catalyseur NiW/C730 Py est plus actif que le catalyseur NiW/C730 PyC et à peu près aussi actif que le catalyseur non traité à la pyridine NiW/C730 (tableau 16). Afin de vérifier la reproductibilité du traitement à la pyridine, nous avons également préparé un catalyseur traité à la pyridine à partir d'un support calciné à 750°C. Les résultats obtenus sont les mêmes.

En ce qui concerne le support steamé, on observe également que le catalyseur traité à la pyridine et non calciné est plus actif que le catalyseur traité à la pyridine et calciné, et à peu près aussi actif que le catalyseur NiW/S700.

catalyseur	NiW/C730	NiW/C730 PyC	NiW/C730 Py	NiW/C750 PyC	NiW/C750 Py
HCQ 10^{-3} g/h.m^2	1,3	0,9	1,4	1	1,4

catalyseur	NiW/S700	NiW/S710 PyC	NiW/S710 Py
HCQ 10^{-3} g/h.m^2	1,7	0,8	1,6

Tableau 16 : activités totales en hydrocraquage du n-décane des catalyseurs

En ce qui concerne les sélectivités (figure 59), les catalyseurs (que le support ait été steamé ou calciné) semblent produire plus de craquage (direct Cd ou bifonctionnel Cb) lorsqu'ils ont été traités à la pyridine.

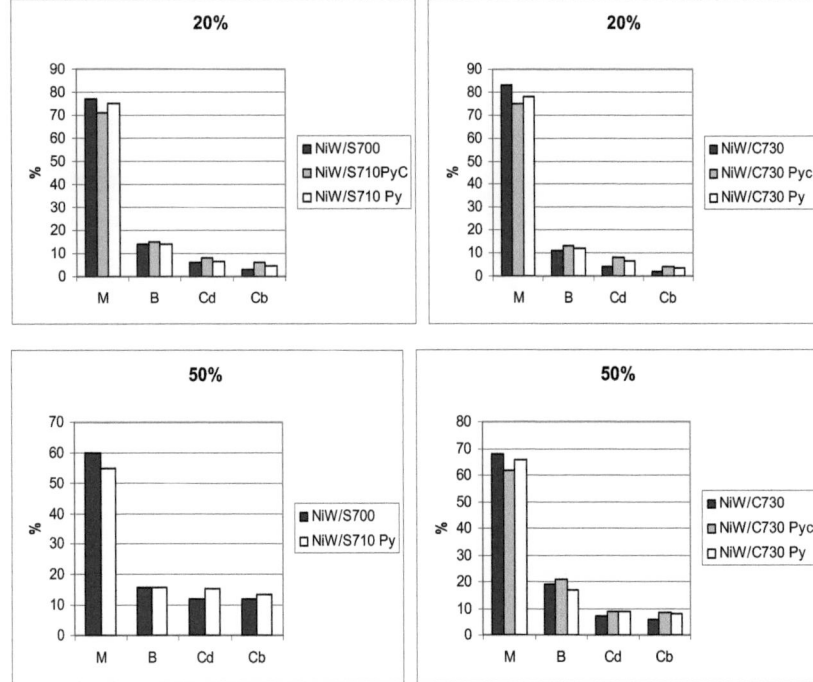

Figure 59 : sélectivités en isomères monobranchés (M), isomères multibranchés (B), produits de craquage direct (Cd) et produits de craquage bifonctionnel (Cb) à 20 et 50% de conversion du n-décane

4.2 Activité hydrogénante

L'adsorption préalable de pyridine diminue considérablement l'activité hydrogénante des catalyseurs (tableau 17). Dans le cas du support calciné, le catalyseur traité à la pyridine et calciné semble légèrement plus actif en hydrogénation que le catalyseur traité à la pyridine non calciné, ce qui n'est pas le cas du catalyseur à support steamé.

catalyseur	NiW/C730	NiW/C730 PyC	NiW/C730 Py
activité hydrogénante 10^{-3} g/h.m^2	7,4	4,3	3,9

catalyseur	NiW/S700	NiW/S710 PyC	NiW/S710 Py
activité hydrogénante 10^{-3} g/h.m^2	5	3,3	3,3

Tableau 17 : activités hydrogénantes des catalyseurs

4.3 Activité isomérisante

L'adsorption de pyridine a également modifié l'activité isomérisante des catalyseurs (tableau 18). En effet, tous les catalyseurs traités à la pyridine ont une activité isomérisante inférieure à celle des catalyseurs non traités correspondants. Les catalyseurs traités à la pyridine et non calcinés ont une activité isomérisante supérieure à celle des catalyseurs traités à la pyridine et calcinés.

catalyseur	NiW/C730	NiW/C730 PyC	NiW/C730 Py
activité isomérisante 10^{-3} g/h.m^2	1,09	0,73	0,91

catalyseur	NiW/S700	NiW/S710 PyC	NiW/S710 Py
activité isomérisante 10^{-3} g/h.m^2	1,33	0,86	1,08

Tableau 18 : activités isomérisantes des catalyseurs

5. DISCUSSION

Les caractérisations physico-chimiques et notamment les analyses Raman de la structure moléculaire de la phase oxyde NiW mettent en évidence la non homogénéité des catalyseurs traités à la pyridine. En effet, on distingue deux zones structurales différentes : l'une proche de la surface externe, l'autre plus proche du cœur de l'extrudé. Au niveau de la couleur le catalyseur est vert sur sa surface externe et sur les zones proches de cette surface, tandis que le cœur de l'extrudé est blanc. Cette différence se retrouve au niveau des spectres Raman qui montrent sur les catalyseurs NiW/S710 Py et NiW/S710 PyC la disparition des bandes liées aux espèces métatungstates dans les zones proches du cœur de l'extrudés. Ce résultat semble indiquer que la phase hydrogénante ne diffuse pas au cœur de l'extrudé et resterait majoritairement en surface. La présence de pyridine modifie la phase d'imprégnation du nickel et du tungstène, qui ne diffuse pas de façon homogène dans l'extrudé comme c'est le cas avec les catalyseurs non traités à la pyridine.

Les analyses MET confirment que l'adsorption préalable de pyridine sur le support a modifié la phase d'imprégnation du nickel et tungstène. En effet la phase hydrogénante se trouve sous forme de grosses particules de nickel et de gros amas de feuillets WS_2, et n'est présente que sur une très faible surface du catalyseur.

De plus, les analyses IR/CO montrent également que les catalyseurs NiW/S710 Py et NiW/S710 PyC présentent des aires liées à la phase hydrogénante beaucoup plus faibles que celle mesurée sur le catalyseur NiW/S735.

Les analyses IR/CO indiquent que nous avons effectivement réussi à protéger les sites acides du support sur le catalyseur NiW/S710 Py. On observe en effet une surface liée aux sites acides de Brönsted beaucoup plus importante sur le catalyseur NiW/S710 Py que sur le catalyseur NiW/S735. Après calcination on observe sur le catalyseur NiW/S710 PyC une aire liée aux sites de Brönsted proche de celle du catalyseur NiW/S735.

Enfin, les analyses C,H,N,S indiquent que lors de la calcination des catalyseurs traités à la pyridine, la pyridine ne serait pas désorbée mais brulée avec une formation de coke à la surface du catalyseurs. Ce coke semble recouvrir une partie des sites acides.

Pour tous les catalyseurs traités par la pyridine (support calciné ou steamé) on observe une baisse importante de l'activité isomérisante et de l'activité hydrogénante par rapport aux catalyseurs non traités.

Il est clair que la baisse de l'activité hydrogénante est due à une modification de la répartition de la phase hydrogénante : elle est en effet concentrée en amas de feuillets WS_2 et en grosses particules de nickel sur une très faible surface du catalyseur. Bien que cette phase hydrogénante semble correctement sulfurée, comme l'indiquent les analyses XPS, la faible densité des sites hydrogénants à la surface du catalyseur serait la cause de la diminution de l'activité hydrogénante.

La baisse d'activité isomérisante ne peut pas être liée à l'acidité du catalyseur, puisque celle-ci est plus forte sur les catalyseurs traités par la pyridine, notamment sur les catalyseurs traités à la pyridine et non calcinés.

Comme c'était le cas des catalyseurs peu chargés en nickel et tungstène (chapitre 2 partie II), il est probable que la baisse d'activité isomérisante soit une conséquence de la baisse de l'activité hydrogénante.

Les catalyseurs traités à la pyridine et non calcinés présentent sensiblement la même activité en hydrocraquage du n-décane que le catalyseur non traité, tandis que les catalyseurs traités à la pyridine puis calcinés sont beaucoup moins actifs. L'adsorption de pyridine sur le support avant imprégnation ne semble donc pas avoir permis d'augmenter l'activité en hydrocraquage du n-décane, surtout si l'on procède à une calcination avant l'imprégnation. Dans ce dernier cas, les catalyseurs ont une activité hydrogénante très faible qui influe obligatoirement sur l'activité en hydrocraquage.

Il semble cependant que dans les deux cas on observe une légère modification de la sélectivité, en l'occurrence une augmentation du craquage. Dans le cas du craquage bifonctionnel, ceci pourrait s'expliquer par le fait que la faible densité des sites hydrogénants à la surface du catalyseur entraîne un accroissement de la distance entre sites hydrogénants et sites acides. Les carbocations intermédiaires ont donc beaucoup plus de chances de rencontrer plusieurs sites acides entre deux sites hydrogénants, et peuvent donc subir plusieurs réactions consécutives, dont le craquage final.

Dans le cas du craquage direct qui se produit sur la phase sulfures, son augmentation pourrait s'expliquer par le fait que cette phase se trouve sous forme de gros amas de WS_2 dans lesquels le n-décane pourrait subir très facilement ce type de réaction.

Chapitre 2 : création de sites acides

1. INTRODUCTION

L'idée de départ était de créer de nouveaux sites acides de Brönsted par dépôt de silicium à la surface du catalyseur après la phase d'imprégnation.

Nous avons tout d'abord effectué une étude préalable en réalisant des dépôts de silicium sur une alumine pure avant imprégnation du nickel et du tungstène.

Dans un second temps, nous avons déposé le silicium sur cette même alumine après imprégnation du nickel et du tungstène.

Enfin nous avons réalisé des dépôts de silicium sur une alumine silicée imprégnée, en l'occurrence NiW/S700.

2. CREATION DE SITES ACIDES PAR DEPOT DE SILICIUM SUR CATALYSEUR A SUPPORT ALUMINE

4 catalyseurs ont été préparés par dépôt de silicium à différentes teneurs sur alumine avant l'imprégnation par Ni et W. Ces catalyseurs seront désignés par NiW/AlSi x%, x% étant la teneur en silicium ajouté.

2 autres catalyseurs, nommés NiW/Al$_2$O$_3$+x%Si, ont été obtenus par dépôt de silicium sur alumine après imprégnation du nickel et du tungstène.

L'agent précurseur du silicium est le tétraéthoxy silicium Si(OC$_2$H$_5$)$_4$. La littérature indiquant qu'on ne peut déposer que 2% de silicium au maximum par imprégnation, nous avons effectué jusqu'à 4 dépôts de silicium successifs pour obtenir une assez large gamme de teneurs en silicium ajouté. En fait, les teneurs réelles mesurées montrent que seul le premier dépôt permet de déposer 2% de silicium (soit 4% de silice).

L'ensemble des résultats est reporté dans les tableaux 28, 29 et 30 (annexe 4).

2.1 Acidité IR/pyridine

L'acidité de Brönsted des catalyseurs NiW/AlSi augmente de façon quasi-linéaire avec la teneur en silice déposée (figure 60).

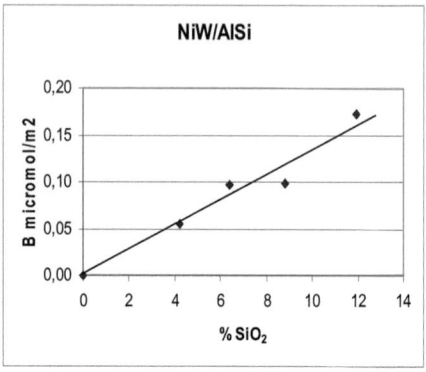

Figure 60 : évolution de l'acidité totale de Brönsted avec la teneur en silice déposée

2.2 Hydrocraquage du n-décane

2.2.1. Activité totale

La figure 61 présente l'évolution de l'activité totale en hydrocraquage du n-décane des catalyseurs en g/h.m^2 en fonction de la teneur en silice déposée. On peut observer que l'activité des catalyseurs NiW/AlSi semble passer par un maximum pour environ 9% de silice déposée. Par ailleurs, les catalyseurs NiW/Al$_2$O$_3$+Si semblent à peu près aussi actifs que les catalyseurs NiW/AlSi, et leur activité augmente elle aussi avec la teneur en silice.

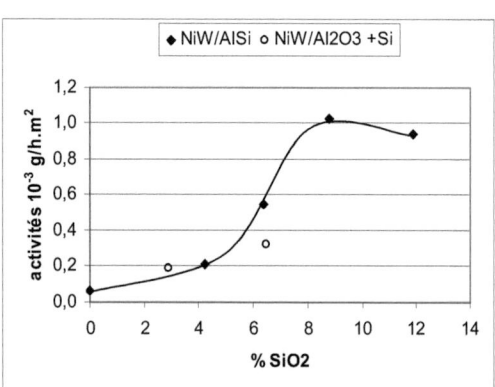

Figure 61 : évolution de l'activité totale en hydrocraquage du n-décane en fonction de la teneur en silice déposée

2.2.2. Sélectivités

La figure 62 compare les sélectivités en isomères monobranchés, isomères multibranchés, produits de craquage direct et produits de craquage bifonctionnel des catalyseurs préparés et du catalyseur de référence NiWR. Cette comparaison est effectuée à une conversion du n-décane de 10% seulement en raison de la faible activité des catalyseurs à support alumine. Le catalyseur NiW/alumine, du fait de la faible acidité de cette dernière, ne produit qu'un peu d'isomérisation et par conséquent beaucoup de craquage direct [35] Les sélectivités en isomères monobranchés et isomères multibranchés des catalyseurs NiW/AlSi augmentent ensuite avec la teneur en silicium tandis que les sélectivités en produits de craquage direct diminuent. Aux plus fortes teneurs en Si, les sélectivités pour les différents produits de réaction deviennent proches de celles du catalyseur de référence.

On observe la même évolution sur les catalyseurs NiW/Al$_2$O$_3$+Si, qui deviennent plus sélectifs en isomères monobranchés et isomères multibranchés lorsque la teneur en silicium augmente. Cependant, à iso-teneur en silicium, les catalyseurs NiW/Al$_2$O$_3$+Si sont moins sélectifs en isomères monobranchés et produisent plus de craquage direct que les catalyseurs NiW/AlSi.

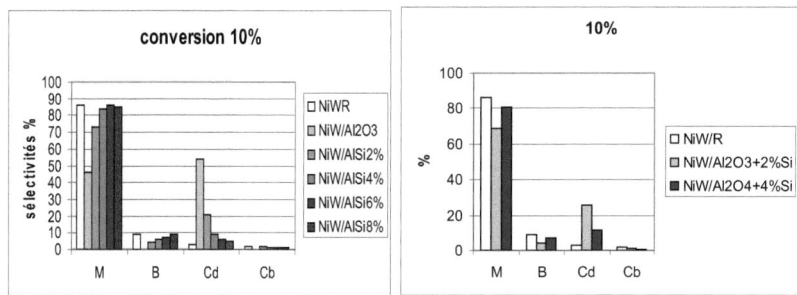

Figure 62 : sélectivité en isomères monobranchés (M), isomères multibranchés (B), produits de craquage direct (Cd) et produits de craquage bifocntionnel (Cb) à 10% de conversion du n-décane

2.3 Activité hydrogénante

L'activité hydrogénante des catalyseurs NiW/AlSi augmente avec la teneur en silicium et passerait apparemment par un maximum (figure 63) comme c'était le cas de l'activité en hydrocraquage. L'activité hydrogénante des catalyseurs NiW/Al$_2$O$_3$+Si est inférieure à celle des catalyseurs NiW/AlSi et semble constante.

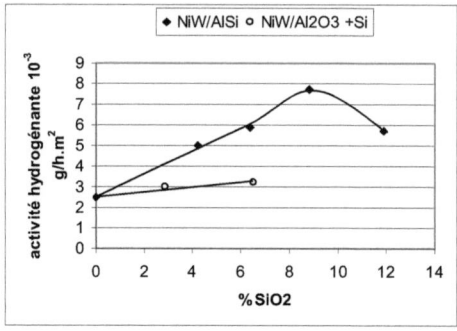

Figure 63 : évolution de l'activité hydrogénante en fonction de la teneur en silice déposée

2.4 Activité isomérisante

L'activité isomérisante des catalyseurs augmente elle aussi avec la teneur en silicium (figure 64), celle des catalyseurs NiW/AlSi étant supérieure à celle des catalyseurs NiW/Al$_2$O$_3$+Si.

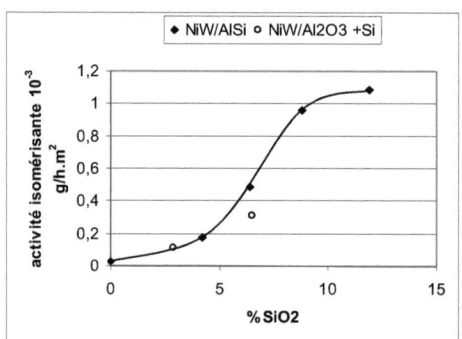

Figure 64 : évolution de l'activité isomérisante en fonction de la teneur en silice déposée

3. CREATION DE SITES ACIDES PAR DEPOT DE SILICIUM SUR CATALYSEUR NiW/S700

L'ensemble des résultats obtenus est reporté dans les tableaux 31 et 32 (annexe 4).

3.1 Acidité IR/pyridine

La figure 65 présente l'évolution de l'acidité de Brönsted et de Lewis des catalyseurs en fonction du pourcentage de silice déposée, rappelons que ce catalyseur contient déjà 40% de silice. On peut observer que le premier ajout de silicium fait augmenter très légèrement les acidités de Brönsted et de Lewis, puis à partir du second ajout de silicium on retrouve des acidités de Brönsted et de Lewis proches de celle du catalyseur de départ voire inférieures.

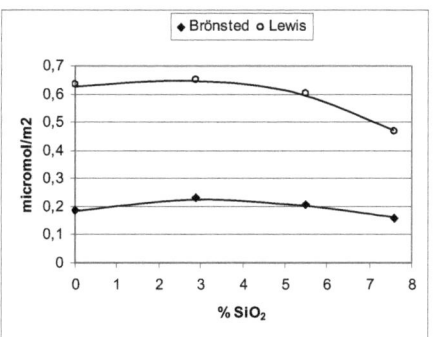

Figure 65 : évolution de l'acidité totale de Brönsted et de Lewis avec la teneur en silice déposée

3.2 Hydrocraquage du n-décane

3.2.1. Activité totale

La figure 66 présente l'évolution de l'activité totale des catalyseurs en hydrocraquage du n-décane en fonction du pourcentage de silicium déposé. On peut considérer que l'ajout de silicium sur le catalyseur NiW/S700 n'a pas d'effet sur son activité en hydrocraquage.

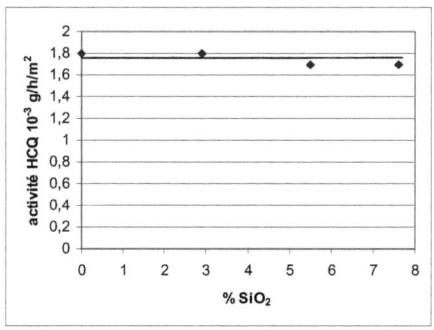

Figure 66 : évolution de l'activité totale en hydrocraquage du n-décane en fonction de la teneur en silice déposée

3.2.2. Sélectivités

La figure 67 compare les sélectivités en isomères monobranchés, isomères multibranchés, produits de craquage direct et produits de craquage bifonctionnel des catalyseurs à 20 et 50% de conversion du n-décane.

On observe, que les sélectivités des catalyseurs sont assez proches. Le dépôt de silicium n'aurait donc pas d'effet sur la sélectivité du catalyseur NiW/S700.

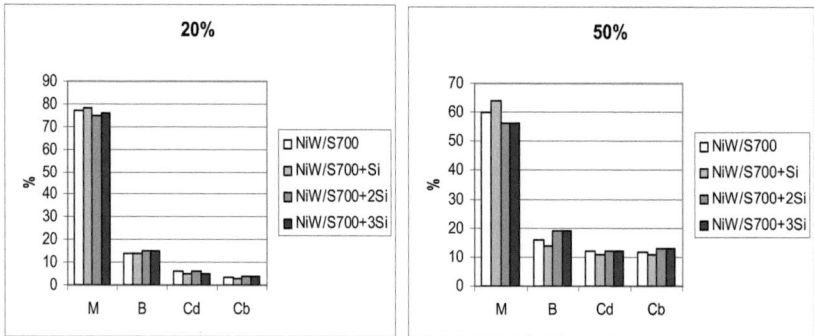

Figure 67 : sélectivité en isomères monobranchés (M), isomères multibranchés (B), produits de craquage direct (Cd) et produits de craquage bifonctionnel (Cb) à 20 et 50%de conversion du n-décane

3.3 Activité hydrogénante

L'activité hydrogénante semble augmenter légèrement avec la teneur en silice déposée (figure 68).

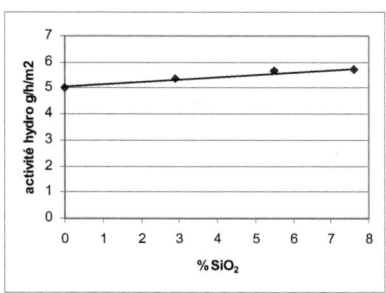

Figure 68 : évolution de l'activité hydrogénante en fonction de la teneur en silice déposée

3.4 Activité isomérisante

La figure 69 compare les activités isomérisantes des catalyseurs en fonction de la teneur en silice déposée. L'activité isomérisante du catalyseur NiW/S700 augmente après le premier dépôt de silicium et ne semble plus évoluer par la suite.

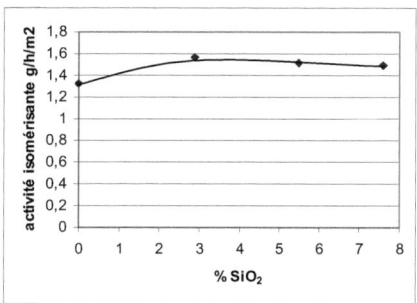

Figure 69 : évolution de l'activité isomérisante en fonction de la teneur en silice déposée

4. DISCUSSION

Le dépôt de silicium sur les catalyseurs NiW/AlSi entraîne bien une création de sites acides de Brönsted dont le nombre augmente avec la teneur en silice déposée. Dans le cas de NiW/S700 + Si, il y a également création de sites acides après le premier ajout de silicium, mais le nombre de ces sites n'augmente pas avec le nombre d'ajouts de silicium.

Cette création de sites acides sur NiW/AlSi se traduit par une nette augmentation de l'activité isomérisante également observée avec les catalyseurs NiW/Al_2O_3+Si. L'activité isomérisante des catalyseurs NiW/S700 + Si augmente également mais dans des proportions beaucoup plus faibles.

On observe exactement la même évolution pour l'activité hydrogénante des catalyseurs : augmentation forte sur NiW/AlSi, faible voire très faible sur NiW/Al_2O_3+Si et NiW/S700 + Si. Cette augmentation de l'activité hydrogénante par dépôt de silicium peut paraître surprenante, à moins qu'elle ne révèle un effet promoteur du silicium sur la phase hydrogénante.

En hydrocraquage du n-décane, l'activité des catalyseurs NiW/AlSi et NiW/Al_2O_3+Si suit la même évolution que les activités isomérisantes et/ou hydrogénante. Les sélectivités évoluent également : à faible teneur en silice ajoutée, le craquage direct est très important, ce qui est caractéristique des catalyseurs NiW/alumine. L'ajout de silice fait diminuer le craquage direct au profit du mécanisme bifonctionnel : augmentation des isomères monobranchés et multibranchés.

Enfin, l'ajout de silicium sur le catalyseur NiW/S700 n'a aucun effet sur son activité ni sur ses sélectivités.

Partie IV : Discussion générale

Le traitement thermique du support alumine silicée, qu'il soit réalisé sous air sec (calcination) ou en présence de vapeur d'eau (steaming) entraîne une diminution très importante de la surface et, à un niveau moindre, du volume poreux (figure 70). La surface et le volume poreux sont d'autant plus faibles que la température de traitement est élevée. A l'opposé on note une augmentation du diamètre moyen des pores (figure 71). La diminution de surface est plus importante sur les supports steamés que sur les supports calcinés, tandis qu'on n'observe pas de différence notable entre les deux types de traitement en ce qui concerne les volumes poreux. A la même température de traitement, le diamètre moyen des pores des supports steamés est supérieur à celui des catalyseurs calcinés. La diminution de surface et de volume poreux du support calciné est particulièrement notable entre 900 et 1000°C, la surface du support calciné à 1000°C étant voisine de celle du support steamé à 900°C. Rappelons toutefois que ce support a été préparé par l'Institut français du Pétrole, à la différence des autres supports qui ont été calcinés à Poitiers.

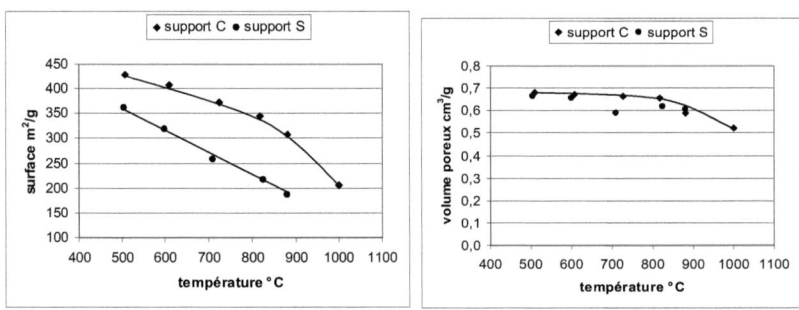

Figure 70 : effet de la calcination ou du steaming sur la surface et le volume poreux de l'alumine silicée

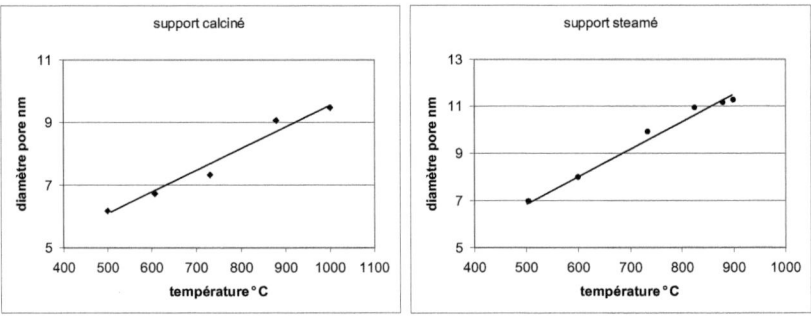

Figure 71 : effet de la calcination ou du steaming sur le diamètre moyen des pores de l'alumine silicée

Les caractérisations physico-chimiques (DRX, MET et RMN) n'ont montré aucune différence entre les supports, qu'ils soient calcinés ou steamés, quelle que soit la température à laquelle ils ont été traités. L'alumine est toujours sous forme γ, même aux plus hautes températures où elle aurait dû en principe passer sous forme θ. Il y a donc un effet stabilisant de la silice sur l'alumine. Les rapports Si/Al et la morphologie des supports sont toujours les mêmes, mais il y a peut-être trop d'alumine pour qu'on puisse distinguer des différences par MET. Les quantités de sites Al tétraédrique et Al octaédrique sont elles aussi identiques sur tous les supports. Dans le cas du steaming, on aurait pu penser que la diminution de surface était due à l'extraction par la vapeur d'eau d'une partie de l'alumine de l'alumine silicée, comme c'est le cas avec les zéolithes, mais ce n'est apparemment pas le cas. Les diminutions de surface et de volume poreux, que ce soit après calcination ou après steaming, sont donc probablement dues au bouchage d'une partie de la porosité (effondrement des pores), sans doute celle des pores les plus petits puisque le diamètre moyen des pores augmente.

Pour les deux types de support, le nombre total de sites acides de Brönsted, mesuré par adsorption de pyridine, augmente quand on élève la température de traitement, mais cette augmentation est beaucoup plus marquée dans le cas des supports calcinés (figure 72).

Par contre la force de ces sites (température à laquelle ils sont capables de retenir la pyridine adsorbée) n'est pas sensible à la nature du traitement subi par le support. Les sites acides de Brönsted sont plus nombreux sur les supports steamés que sur les supports calcinés, excepté pour le support calciné à 1000°C dont le nombre de sites acides est semblable à celui des supports steamés, comme c'était le cas de sa surface.

Les acidités de Lewis des supports dépendent peu du type de traitement ou de la température, à l'exception à nouveau du support à 1000°C qui semble un peu plus acide.

Cette augmentation du nombre de sites acides de Brönsted est assez difficile à expliquer. Une hypothèse serait une dispersion du silicium sur la surface au cours des traitements du support, créant de nouveaux sites acides avec l'aluminium, mais les méthodes physico-chimiques de caractérisation utilisées ne permettent pas de la mettre en évidence.

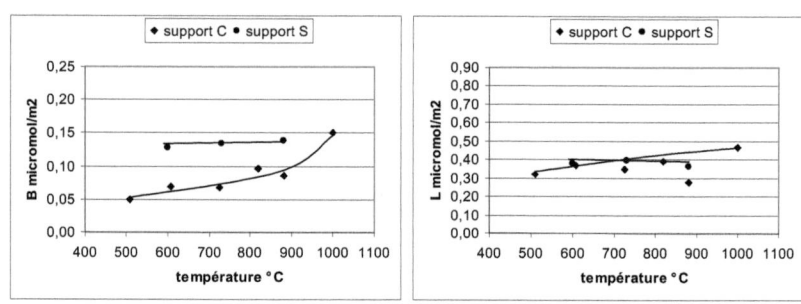

Figure 72 : acidité de Brönsted et de Lewis totales des supports calcinés ou steamés

L'imprégnation des supports par le tungstène et le nickel provoque une diminution de la surface et du volume poreux (comparer les courbes des figures 70 et 73), mais ne semble pas modifier le diamètre moyen des pores (comparer les courbes des figures 71 et 74). La diminution de surface et de volume poreux n'est donc pas liée au bouchage de pores d'une taille particulière par le nickel et le tungstène. La surface des catalyseurs à support steamé est plus faible que celle des catalyseurs à support calciné, comme c'était le cas avant imprégnation. Par contre l'imprégnation fait d'avantage diminuer la surface des supports calcinés que celle des catalyseurs steamés.

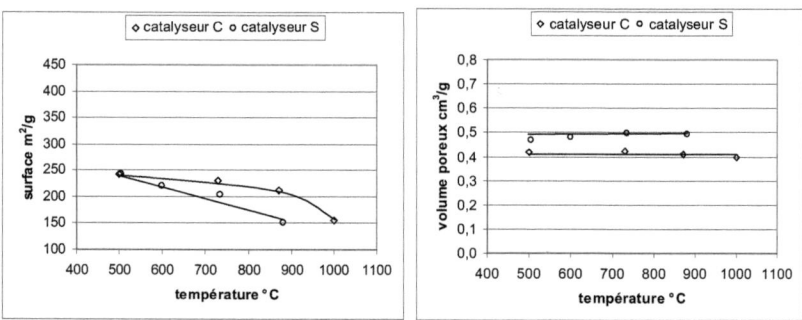

Figure 73 : surfaces et volumes poreux des catalyseurs oxydes NiW/alumine silicée

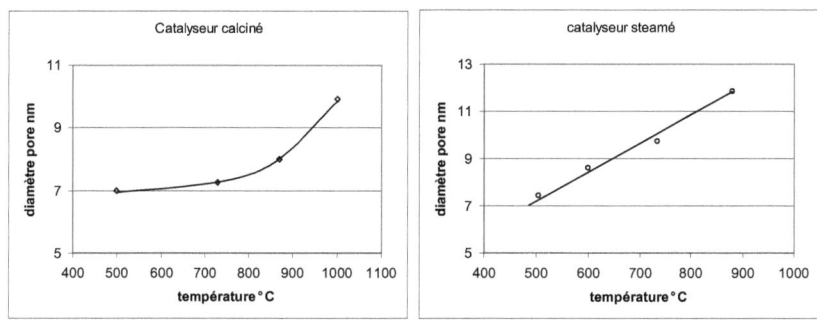

Figure 74 : diamètre moyen des pores des catalyseurs oxydes NiW/alumine silicée

Sur tous les catalyseurs, on observe par spectroscopie Raman la présence d'espèces tungstates polymériques dispersées à la surface. La structure de ces espèces varie d'un catalyseur à l'autre mais il n'est pas possible d'en tirer plus d'informations. En effet on ne peut pas savoir si ce sont des espèces différentes ou si ce sont les mêmes espèces avec des états d'hydratation différents.

En revanche on a pu observer que les catalyseurs traités à la pyridine n'étaient pas homogènes, les espèces métatungstates étant présentes en surface des extrudés mais absentes au cœur. Par ailleurs, les analyses XPS ont montré que les quantités de W en surface étaient plus importantes sur les catalyseurs traités à la pyridine que sur les catalyseurs non traités. Il semble donc que la présence de pyridine adsorbée à la surface du support empêche une partie du tungstène de pénétrer dans le catalyseur.

Le nombre total de sites acides de Brönsted et de Lewis des catalyseurs oxydes (figure 75) évolue de façon très semblable à celui des supports (figure 72). Cependant, ces sites sont plus nombreux sur les catalyseurs oxydes que sur les supports. Cette augmentation pourrait provenir d'un effet promoteur de NiW sur l'acidité du support, mais dans ce cas on observerait une augmentation de la force des sites acides plutôt que de leur nombre, d'autant plus que l'imprégnation par NiW est réputée détruire une partie des sites acides. L'augmentation du nombre de sites acides de Brönsted est donc vraisemblablement due à l'acidité propre des oxydes de nickel et de tungstène. On peut estimer le nombre de sites acides de Brönsted des oxydes de Ni et W (par différence avec le nombre de sites acides du support) à 0,065 micromol/m^2 sur les catalyseurs obtenus à partir des supports calcinés, et à 0,022 micromol/m^2 sur les catalyseurs obtenus à partir des supports steamés. Par contre, l'augmentation du nombre de sites acides de Lewis est d'environ 0,35 micromol/m^2 que le support ait été calciné ou steamé. Ces résultats, au moins dans le cas de l'acidité de Brönsted, sont vraisemblablement la conséquence des différences de nature des espèces tungstates polymériques observées par spectroscopie Raman. Il apparaît donc clairement que le type de traitement du support modifie la manière dont le nickel et le tungstène sont fixés à la surface.

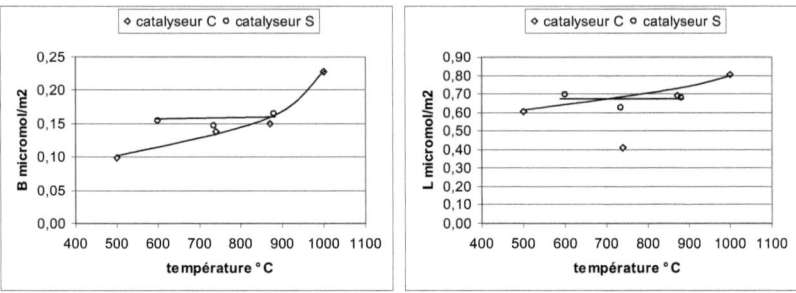

Figure 75 : acidité de Brönsted et de Lewis totales des catalyseurs oxydes NiW/alumine silicée

Après sulfuration, on n'observe pas de différences notables dans les analyses par MET et XPS entre les différents catalyseurs, qu'ils soient obtenus à partir des supports calcinés ou steamés : on observe toujours la même morphologie et la même composition de la phase sulfure. Les analyses EDX donnent également des résultats proches.

La seule exception concerne les catalyseurs traités à la pyridine. Sur ces derniers, la phase hydrogénante est sous forme de gros amas de feuillets de WS_2 et de grosses particules de nickel, et n'est présente que sur une faible surface du catalyseur.

Les caractérisations des catalyseurs sulfurés par adsorption de CO n'ont pu être réalisées que sur 4 échantillons, dont celui obtenu à partir du support calciné à 1000°C (figure 76).

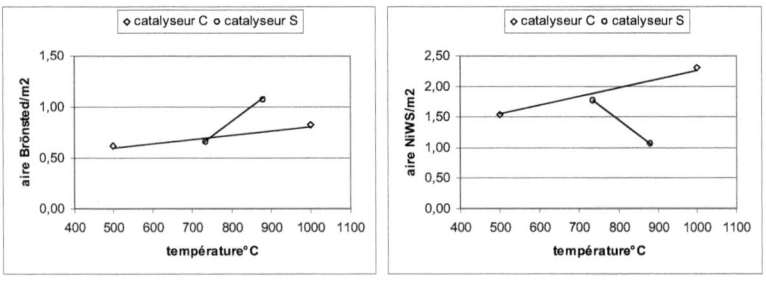

Figure 76 : nombre de sites acides de Brönsted et nombre de sites NiWS sur les catalyseurs sulfurés mesurés par adsorption de CO

Bien qu'il soit difficile de vouloir tirer des conclusions à partir d'aussi peu de résultats, il semble que l'aire liée aux sites de Brönsted augmente quand on augmente la température de calcination et surtout quand on élève la température de steaming. Ces évolutions sont semblables à celles observées sur les supports ou sur les catalyseurs oxydes, même si, dans ces cas là, l'augmentation d'acidité était plus marquée après calcination qu'après steaming. L'aire liée à la phase sulfure augmente elle aussi quand on élève la température de calcination, mais diminue quand on élève la température de steaming. Les analyses physico-chimiques n'ayant révélé aucune différence entre les catalyseurs, il ne s'agit donc pas d'une modification du nombre des sites sulfures, mais plus probablement d'une modification du type d'interaction avec les molécules de CO provoquée par un changement de la surface supportant les feuillets de NiWS.

D'autre part, le catalyseur traité à la pyridine et non calciné présente une aire liée aux sites de Brönsted 2,5 fois plus importante que celle du catalyseur non traité à la pyridine. Le catalyseur traité à la pyridine et calciné présente quant à lui une aire 1,2 fois plus importante que celle du catalyseur non traité, mais 2 fois plus faible que celle du catalyseur traité à la pyridine et non calciné. Ce résultat peut être relié aux résultats des analyses C, H, S, N qui indiquent une teneur en carbone plus importante sur le catalyseur traité à la pyridine et calciné que sur les deux catalyseurs. Il semble donc que la calcination du catalyseur n'élimine pas la pyridine de la surface en la brûlant, mais qu'au contraire la transforme en dépôt carboné ("coke") qui bloque une partie des sites acides. Quoi qu'il en soit, le traitement à la pyridine a donc bien permis de protéger les sites acides, surtout si on ne calcine pas le catalyseur après l'imprégnation par Ni et W.

Par contre, le catalyseur traité à la pyridine et non calciné présente une aire liée à la phase sulfure 10 fois plus faible que celle du catalyseur non traité à la pyridine. Le catalyseur traité à la pyridine et calciné présente une aire seulement 3 fois plus faible que celle du catalyseur non traité. Ceci est très vraisemblablement dû aux différences structurales de la phase sulfure précédemment signalées.

La nature du traitement thermique du support ne modifie pas l'activité hydrogénante des catalyseurs sulfurés NiW/alumine silicée (figure 77). Ce résultat semble normal puisque tous les catalyseurs sont imprégnés à iso teneur en nickel et tungstène et que les analyses physico-chimiques n'ont pas décelé de différence entre eux. La seule exception est le catalyseur NiW/C500 dont l'activité hydrogénante est plus faible, pour des raisons obscures. On remarquera toutefois que ce catalyseur présente également en adsorption de CO une aire liée à la phase sulfure plus faible que celle du catalyseur calciné à 1000°C (figure 76). Par contre, les activités hydrogénantes des catalyseurs à support steamé évoluent de façon très différente de leurs aires liées à la phase sulfure (figure 76).

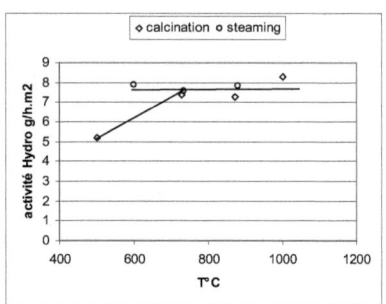

Figure 77 : activités hydrogénantes des catalyseurs sulfurés NiW/alumine silicée

En ce qui concerne les activités isomérisantes, il convient tout d'abord de préciser pourquoi nous ne les assimilons pas à des activités acides. La réaction modèle utilisée, l'isomérisation du cyclohexane, a en effet pour première étape une réaction de déshydrogénation, dépendante de l'activité hydro-déshydrogénante du catalyseur. La réaction modèle ne mesure donc l'activité acide du catalyseur que lorsque la fonction hydro-déshydrogénante de ce dernier est suffisamment forte pour que l'étape acide soit limitante. Nous avons montré en faisant varier la teneur en Ni et W des catalyseurs (partie II chapitre 2), que l'activité en hydrocraquage des catalyseurs augmentait avec la teneur en Ni et W, et que par conséquent sur ces catalyseurs l'étape hydrogénante était limitante. Les valeurs d'activité isomérisantes mesurées sur ces catalyseurs ne représentent donc pas leur activité acide.

Ce problème ne se pose pas si l'on se contente d'observer l'effet du traitement thermique du support sur l'activité isomérisante de tous les autres catalyseurs sulfurés NiW/alumine silicée contenant la teneur "habituelle" en Ni et W, et dont l'activité hydrogénante est forte. On peut alors observer (figure 78) que l'activité isomérisante des catalyseurs augmente avec la température, que le support soit calciné ou steamé. Les catalyseurs calcinés présentent des activités isomérisantes inférieures à celles des catalyseurs steamés, à nouveau à l'exception du catalyseur NiW/C1000 dont l'activité isomérisante est proche de celles des catalyseurs steamés.

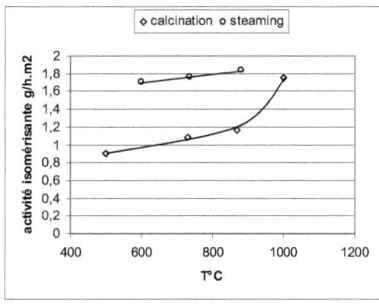

Figure 78 : activités isomérisantes des catalyseurs sulfurés NiW/alumine silicée

Ces activités isomérisantes doivent donc être liées à l'acidité du catalyseur. Plusieurs possibilités s'offrent alors à nous : acidité du support, acidité du catalyseur oxyde ou acidité du catalyseur sulfuré. Nous avons choisi de prendre en compte l'acidité de Brönsted totale des supports. Elle reflète en effet parfaitement les modifications induites par les traitements thermiques, et n'est pas perturbée par l'imprégnation par NiW comme c'est le cas de celle des catalyseurs oxydes. D'autre part, les acidités des catalyseurs sulfurés, même si elles concernent un solide en état de fonctionnement en hydrocraquage, sont mesurées par une autre technique et surtout n'ont été réalisées que sur très peu d'échantillons.

Dans ces conditions, on observe effectivement une très bonne corrélation entre l'activité isomérisante des catalyseurs et le nombre de sites acides de Brönsted des supports, quel que soit le type de traitement, quelle que soit la température (figure 79).

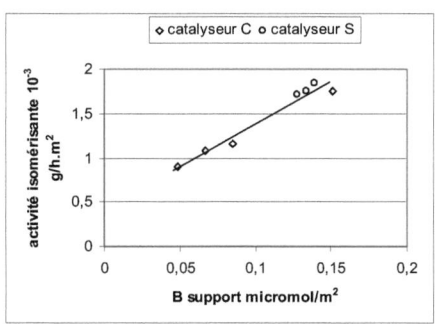

Figure 79 : activités isomérisantes des catalyseurs sulfurés NiW/alumine silicée en fonction du nombre de sites acides de Brönsted des supports

Les catalyseurs à support steamé sont plus actifs en hydrocraquage du n-décane que les catalyseurs à support calciné (figure 80). Dans les deux cas, cette activité augmente avec la température du traitement, comme c'était le cas du nombre de sites acides de Brönsted. Il doit donc exister une corrélation entre ces deux caractéristiques, comme le montre effectivement la figure 81. On notera au passage que le catalyseur à support calciné à 1000°C se place cette fois ci sur la même courbe que les autres catalyseurs à support calciné. Son acidité et son activité isomérisantes supérieures à la "normale" lui confèrent en effet une activité supérieure en hydrocraquage.

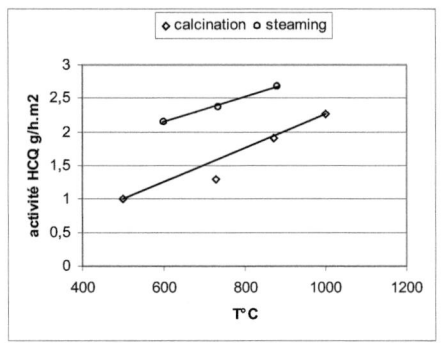

Figure 80 : activités totales en hydrocraquage du n-décane des catalyseurs sulfurés NiW/alumine silicée

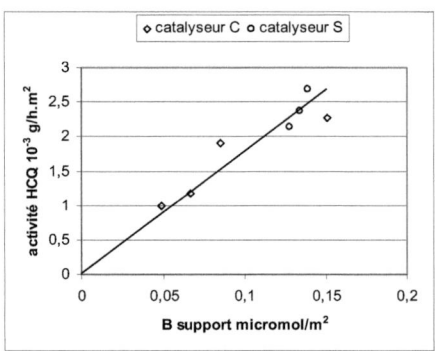

Figure 81 : activités totales en hydrocraquage du n-décane des catalyseurs sulfurés NiW/alumine silicée en fonction du nombre de sites acides de Brönsted des supports

Nous avons vu au cours de l'étude de la teneur en Ni et W des catalyseurs (partie II chapitre 2) que l'activité de ces catalyseurs en hydrocraquage du n-décane augmentait avec la teneur en NiW (figure 82). Ceci indique que sur ces catalyseurs l'étape hydro-déshydrogénante est cinétiquement limitante.

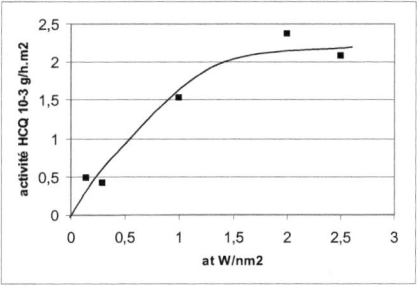

Figure 82 : activité totale en hydrocraquage du n-décane en fonction de la teneur en NiW des catalyseurs

Une manière simple de mettre ce résultat en évidence consiste à tracer la courbe TOF en fonction du rapport n_{hyd} / n_{H^+}. TOF, qui signifie Turn Over Frequency, représente l'activité du catalyseur par site acide H^+. Dans notre cas, nous calculerons TOF comme étant l'activité totale en hydrocraquage divisée par le nombre total de sites acides de Brönsted du support (n_{H^+}), n_{hyd} étant le nombre d'atomes de W par nm^2 de catalyseur. La figure 83 montre que TOF augmente initialement avec le rapport n_{hyd} / n_{H^+}, puis atteint un palier à partir d'un rapport n_{hyd} / n_{H^+} d'environ 15. Ce résultat classique en catalyse bifonctionnelle montre clairement qu'en dessous d'un rapport n_{hyd} / n_{H^+} de 15, l'activité en hydrocraquage du n-décane est limitée par l'activité hydrogénante : les sites hydrogénants ne sont pas assez nombreux pour alimenter les sites acides en oléfines intermédiaires. Lorsque n_{hyd} augmente, l'activité hydrogénante augmente jusqu'à ce que les sites acides soient correctement approvisionnés en oléfines intermédiaires. On atteint alors un palier qui indique que, cette fois ci, ce sont les sites acides du catalyseur qui ne sont pas assez nombreux pour consommer les oléfines intermédiaires. L'étape acide devient alors cinétiquement limitante.

Partie IV : discussion générale

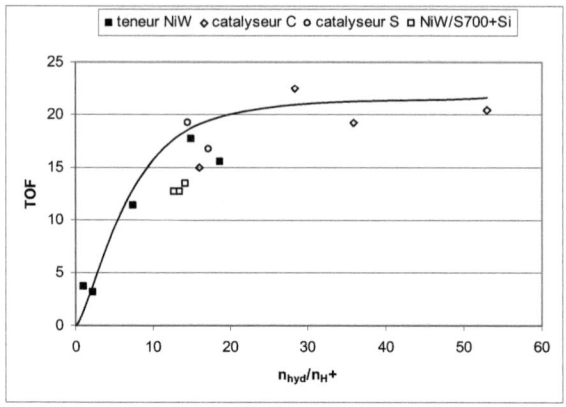

Figure 83 : activité totale en hydrocraquage du n-décane par site acide de Brönsted du support (TOF) en fonction du rapport n_{hyd} / n_{H^+}

A partir de là, il est possible de classer les catalyseurs en fonction de leur activité en hydrocraquage et de leur activité hydrogénante (figure 84). La droite passant par les points représentant les catalyseurs à différentes teneurs en NiW matérialise la limite des catalyseurs en activité hydro-déshydrogénante limitante. On peut observer qu'à part les catalyseurs traités à la pyridine et non calcinés qui sont en activité hydro-déshydrogénante limitante, tous les autres catalyseurs testés au cours de cette étude sont en activité acide limitante. Pour augmenter l'activité de ces catalyseurs en hydrocraquage, il n'est pas nécessaire d'augmenter leur activité hydrogénante, ce qui déplacerait le point correspondant à l'horizontale vers la droite, mais il faut augmenter leur activité acide, ce qui déplacera le point correspondant verticalement vers le haut jusqu'à atteindre la droite indiquant que l'on arrive en activité hydro-déshydrogénante limitante.

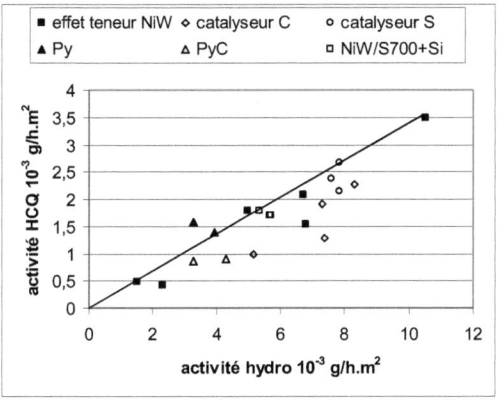

Figure 84 : activité totale en hydrocraquage du n-décane en fonction de l'activité hydrogénante des catalyseurs

On peut donc à présent tracer l'évolution de l'activité totale en hydrocraquage du n-décane en fonction de l'activité acide de tous les catalyseurs testés au cours de cette étude qui sont en étape acide limitante. En effet sur ces catalyseurs la première étape de l'isomérisation du cyclohexane (sa déshydrogénation) n'est pas limitante, et en conséquence la réaction test doit bien mesurer la seule activité acide. La figure 85 montre effectivement une très bonne corrélation entre l'activité acide ainsi définie et l'activité totale en hydrocraquage des catalyseurs.

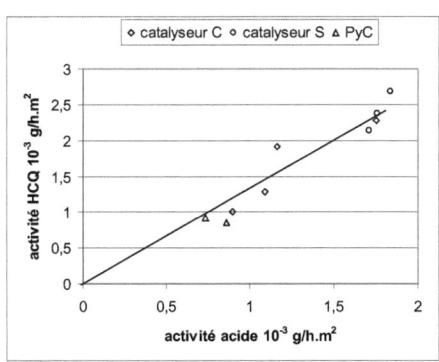

Figure 85 : activité totale en hydrocraquage du n-décane en fonction de l'activité acide des catalyseurs

A partir de l'ensemble des résultats obtenus, il apparaît que les meilleurs catalyseurs d'hydrocraquage sont les catalyseurs obtenus à partir des supports steamés (figure 86), et en particulier le catalyseur NiW/S880.

Cependant cette conclusion n'est valable que si l'on considère les activités ramenées au m^2 de support. Du point de vue du raffineur, qui raisonne plutôt en volume de catalyseur, nous devons comparer les activités par gramme de catalyseur. Dans ce cas, le catalyseur le plus actif sera le catalyseur NiW/S735 (figure 86).

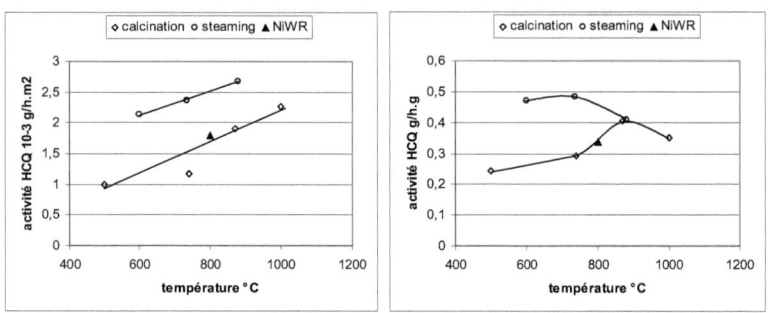

Figure 86 : activité totale en hydrocraquage du n-décane en fonction du traitement du support

Quoi qu'il en soit, nos résultats indiquent qu'il est effectivement possible d'augmenter de façon significative l'activité des catalyseurs NiW/alumine silicée par traitement thermique préalable du support.

Le point probablement le plus important de cette étude est que cette augmentation d'activité ne se fait pas au détriment de la sélectivité. En effet, tous les catalyseurs étudiés, y compris le plus actif, présentent la même sélectivité isomérisation / craquage. Ce résultat est très différent de ceux généralement obtenus en hydrocraquage, où augmentation d'activité signifie augmentation du craquage, que ce soit sur des catalyseurs zéolithiques ou à support silice-alumine.

Puisque l'étape acide est limitante sur ces catalyseurs, l'augmentation d'activité peut résulter d'une augmentation de la force ou du nombre des sites acides. La première solution peut être éliminée au vu des mesures d'acidité du support par adsorption de pyridine, tandis qu'on observe effectivement une augmentation du nombre de sites acides de Brönsted. Cependant, cette augmentation devrait également favoriser le craquage : elle augmente en effet la probabilité pour les oléfines de rencontrer plusieurs sites acides entre deux sites hydrogénants, et donc de subir plusieurs réactions consécutives conduisant finalement au craquage. On peut donc supposer que sur ces catalyseurs, la fonction hydrogénante est suffisamment bien dispersée pour permettre d'augmenter notablement le nombre de sites acides sans nuire à la proximité entre les deux types de sites.

Conclusions générales

L'objectif de notre travail était de rechercher de meilleurs catalyseurs d'hydrocraquage permettant de transformer de façon sélective les distillats sous vide en gazole.

La première étape de l'hydrocraquage d'un alcane est sa déshydrogénation, suivie d'une isomérisation de l'oléfine ainsi formée, et enfin d'une réhydrogénation de l'iso oléfine en iso alcane. Les catalyseurs d'hydrocraquage doivent donc être bifonctionnels, associant une fonction métallique (hydro-déshydrogénante) et une fonction acide (isomérisante).

Les distillats sous vide contenant des composés azotés et soufrés, la fonction hydro-déshydrogénante sera assurée par des sulfures de métaux. D'autre part, si on désire orienter l'hydrocraquage vers la production de gazole, la fonction acide devra être modérée, une forte acidité favorisant le craquage des isomères formés, donc la production d'essence.

Les catalyseurs les plus utilisés actuellement sont du type sulfures de Ni et W déposés sur silice-alumine. Nous avons choisi dans ce travail d'utiliser un type de support un peu différent : les alumines silicées, et d'étudier l'effet de traitements thermiques de ce support, calcination ou steaming, sur l'activité et la sélectivité en hydrocraquage des catalyseurs sulfures de NiW / alumine silicée correspondants.

La calcination ou le steaming de l'alumine silicée provoquent des modifications importantes de la surface et du volume poreux, mais ne modifient pas les caractéristiques du solide (rapport Si/AL, types d'aluminium, ...). D'autre part, ces traitements, et en particulier le steaming, font apparaitre à la surface de nouveaux sites acides de Brönsted. L'activité isomérisante de ces catalyseurs est alors plus forte, et par voie de conséquence leur activité en hydrocraquage est elle aussi plus forte. Nous avons en effet observé que sur ces catalyseurs, l'étape cinétiquement limitante de la réaction était l'étape acide.

A la différence de ce qu'on observe habituellement en hydrocraquage, cette augmentation d'acidité (et d'activité) ne provoque pas d'augmentation du craquage au détriment de l'isomérisation. Les catalyseurs sulfures de NiW / alumine silicée pourraient donc être d'excellents catalyseurs industriels d'hydrocraquage.

Nous avons également montré qu'il était possible de protéger les sites acides de l'alumine silicée pendant l'imprégnation par le nickel et le tungstène, en bloquant ces sites par adsorption de pyridine. Malheureusement, la présence de pyridine nuit considérablement à la formation de la phase sulfures, et les catalyseurs obtenus ne sont pas très performants en hydrocraquage. Cette étude assez brève a toutefois eu le mérite d'ouvrir de nouvelles perspectives, et mériterait d'être reprise de façon beaucoup plus approfondie.

Il serait sans doute possible de préparer des supports encore plus acides, en changeant par exemple la composition de l'alumine silicée, ou les conditions du steaming (teneur en eau). Toutefois, si le nombre de sites acides de Brönsted devient trop important comparé à celui des sites hydrogénants, la balance fonction acide / fonction hydrogénante risque d'être déséquilibrée, au détriment de la sélectivité. Il sera alors nécessaire d'augmenter à son tour l'activité hydrogénante, tout en sachant qu'une certaine limite ne pourra pas être dépassée sous peine de mauvaise dispersion des métaux à la surface.

On peut également envisager d'utiliser ces supports alumine silicées pour d'autre procédé, tel que le Fischer Tropsch.

Partie Expérimentale

1. TRAITEMENTS DES ALUMINES SILICEES

1.1 Calcination

Les calcinations du support alumine silicée ont été réalisées dans un réacteur en quartz sur 10g de support, dans les conditions suivantes :
- four vertical, circulation de l'air de bas en haut
- le chargement du réacteur se fait selon la figure 87
- débit d'air : 1 l/h/g de support
- montée en température de 5°C/min et palier de 4h à la température de calcination

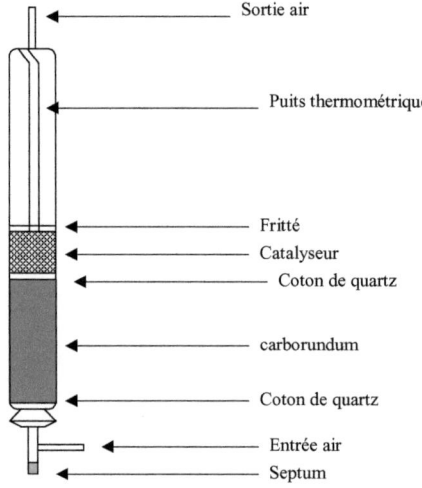

Figure 87 : schéma du réacteur de calcination

1.2 Steaming

Les steamings du support alumine silicée ont été réalisées dans un réacteur en quartz sur 10g de support, dans les conditions suivantes :
- four vertical, circulation de l'air et de l'eau de haut en bas
- le chargement du réacteur se fait selon la figure 88
- montée sous air seul de température ambiante à 400°C avec un débit de 0,5 l/h/g de support et une rampe de 5°C/min

- à 400°C injection de l'eau avec un débit de 0,4g/h/g de support en plus du débit d'air soit un débit d'eau sous forme vapeur de 0,5 l/h/g de support afin d'obtenir un débit global "air + eau " de 1l/h/g de support
- de 400°C à la température de steaming montée en température de 5°C/min puis palier de 2h
- descente en température jusqu'à 400°C sous flux "air + eau "
- à 400°C coupure de l'injection d'eau et descente à température ambiante sous air

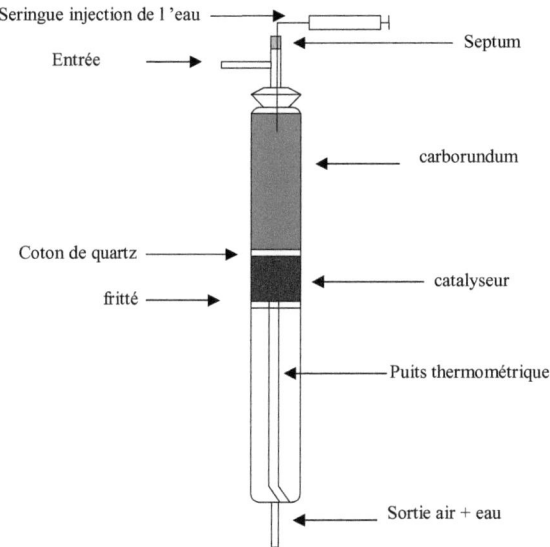

Figure 88 : schéma du réacteur de steaming

1.3 Protection des sites acides par adsorption de pyridine

- 10g de support sont préalablement calcinés ou steamés dans les conditions standard.
- le support est ensuite traité sous azote (voir figure 89) pendant 2h à 250°C avec un débit de 50 ml/min afin d'être séché. La température est ensuite abaissée à 50°C, toujours sous azote, puis on injecte la pyridine à l'aide d'un pousse seringue. On injecte 1ml de pyridine avec un débit de 3ml/h (soit une durée d'injection de 20 min). On injecte environ 10 fois plus de pyridine qu'il n'est nécessaire en théorie pour saturer tous les sites acides (Brönsted plus Lewis). Enfin on balaye le support par l'azote pendant 5 minutes afin d'éliminer l'excès de pyridine.

- le support est ensuite imprégné par le nickel et le tungstène dans les conditions standard puis calciné sous air (dans les conditions standard) ou non.

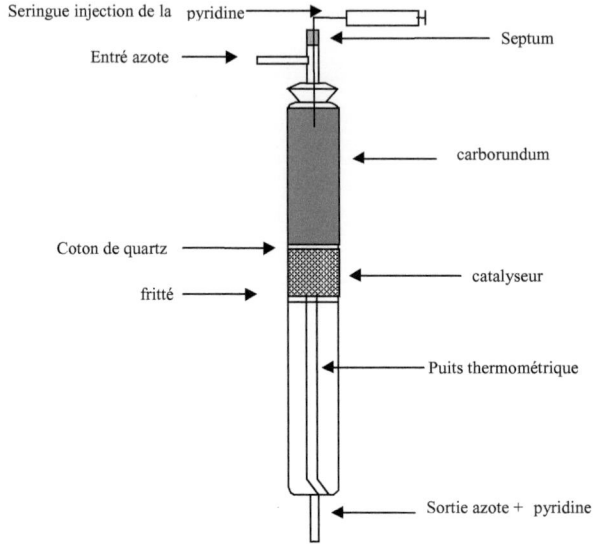

Figure 89 : schéma du réacteur de protection des sites acides par adsorption de pyridine

1.4 Dépôt de silicium

L'agent précurseur du silicium est le tétraéthoxysilicium $Si(OC_2H_5)_4$. La quantité de tétraéthoxysilicium utilisé par dépôt a été calculée afin de déposer 2% de silicium.

On dissout donc 2,1ml de tétraéthoxysilicium dans 60ml d'éthanol. On ajoute ensuite cette solution à une suspension éthanolique de 15g d'alumine ou d'alumine silicée. Le mélange est maintenu pendant une heure à 60°C sous agitation, puis l'éthanol est éliminé sous pression réduite à l'évaporateur rotatif.

Le solide obtenu est ensuite séché une nuit à l'étuve à 120°C, puis traité sous air (6l/h) à 500°C pendant 12h avec une montée en température de 1°C/min.

Pour obtenir une teneur en silicium supérieure à 2% il faut répéter ce mode opératoire.

2. Protocole d'imprégnation des supports alumine silicée

Les catalyseurs sont préparés à iso-teneur de tungstène, soit 3 atomes de tungstène par nm^2 de surface, et à iso rapport Ni/W = 0,4 at/at. D'après les résultats de l'IFP pour obtenir une densité de surface de 3 atomes de W par nm^2 de surface il faut viser une densité de 1,9 atomes de W par nm^2 de surface de support. Les calculs des teneurs sont donc réalisés en visant 1,9 atomes de W par nm^2 et un rapport atomique Ni/W = 0,4.

En fonction de la surface du support on peut calculer les teneurs en oxyde visées et on détermine le volume poreux à l'eau. A partir de ces données on calcule le volume total de la solution d'imprégnation et les quantités de sels à engager.

La solution est préparée en dissolvant le métatungstate d'ammonium [$(NH_4)_6H_2W_{12}O_{40},4H_2O$] dans quelques cm^3 d'eau plus l'eau oxygénée (5% du volume final de la solution). On agite jusqu'à dissolution du métatungstate d'ammonium puis on ajoute le nitrate de nickel [$Ni(NO_3)_2,6H_2O$] et on ajuste le volume de la solution par addition d'eau.

L'imprégnation de l'alumine silicée se fait à sec. Le catalyseur subit ensuite une étape de mûrissement de 12h dans un maturateur dont le fond est rempli d'eau puis un séchage de 12h dans une étuve à 120°C. Enfin le catalyseur est calciné 2h à 500°C avec une montée en température de 5°C/min et un débit d'air de 1,5l/h/g de catalyseur.

3. L'UNITE CATALYTIQUE

L'hydrocraquage du n-décane ainsi que les tests d'hydrogénation du toluène et isomérisation du cyclohexane, sont réalisés en phase gazeuse dans un réacteur dynamique à lit fixe, traversé en régime permanent par les réactifs, sous pression. Le montage expérimental utilisé est représenté dans la figure 90 et se décompose en trois parties :

- les circuits d'alimentation en réactifs (hydrogène et hydrocarbure)
- le réacteur
- les circuits d'analyse et de récupération d'effluents

Partie Expérimentale

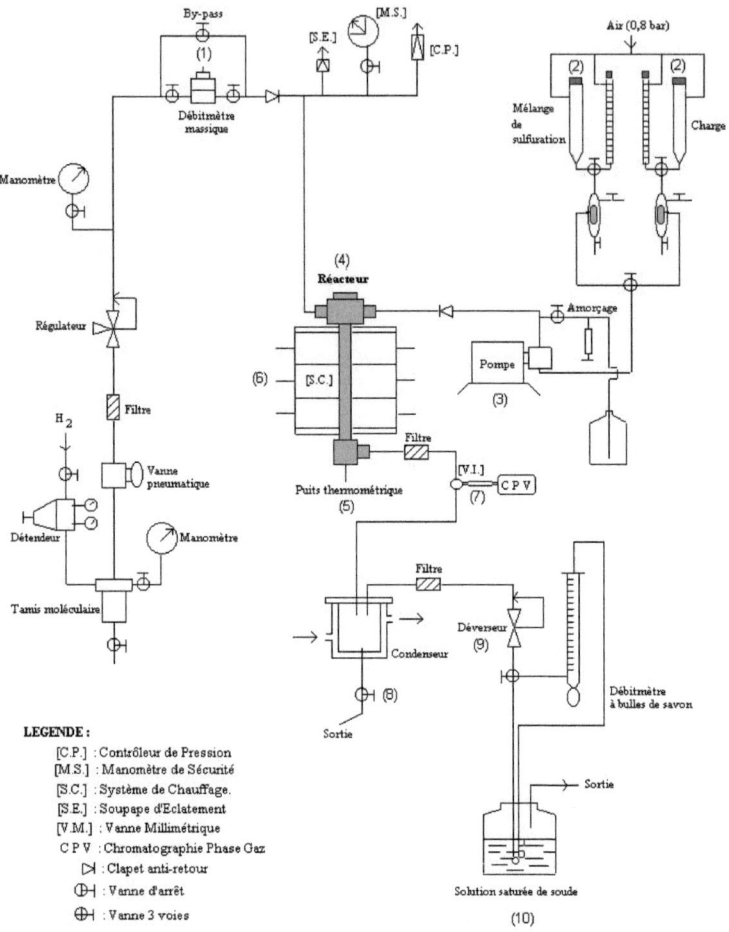

Figure 90 : schéma du montage sous pression

3.1 Circuits d'alimentation en réactifs gazeux et liquides

3.1.1. Alimentation en hydrogène

L'arrivée d'hydrogène est assurée par une vanne pneumatique de sécurité reliée à un manomètre à contacts qui en commande la fermeture en cas de dépassement ou de baisse importante de pression. Une soupape tarée renforce le dispositif de sécurité de pression, en cas de non-fonctionnement de la vanne pneumatique.

L'hydrogène, contenu dans une bouteille pressurisée à 200 bar, est détendu à l'entrée du montage à une pression supérieure de 10 bar à celle employée dans le réacteur. Le débit d'hydrogène est contrôlé par un débitmètre électronique (1) de type Brooks 5850 TR. La gamme de débits est comprise entre 0 et 40l(TPN)/h avec une incertitude de 1% pleine échelle.

3.1.2. Alimentation en réactifs

La charge contenue dans des réservoirs en verre (2) légèrement pressurisés par de l'air (environ 0,8 bar) est injectée dans le réacteur à l'aide d'une pompe Gilson 5SC (3) permettant d'obtenir des débits allant de 0,01 à 5ml.min^{-1}.

3.2 Le réacteur

Le réacteur est un tube en acier inoxydable dont les caractéristiques sont les suivantes :
- longueur : 40cm
- diamètre intérieur : 12mm
- diamètre extérieur : 18mm
- volume utile : 12,5cm^3
- pression maximale utilisable : 300 bar

A l'entrée comme à la sortie du réacteur, l'étanchéité est assurée par des coupelles en aluminium (Kenol).

Le réacteur est placé dans un four composé de trois paires de demi-coquilles chauffantes Vinci Technologies (6) qui permettent d'avoir un bon profil thermique à l'intérieur du réacteur. Chaque zone de chauffage est équipée d'un thermocouple de régulation et d'un thermocouple relié à des commandes de sécurité qui arrêtent le chauffage en cas de dépassement de température.

La température du lit catalytique est mesurée à l'aide d'un thermocouple placé dans un puits thermométrique (5) au centre du réacteur.

Le catalyseur est placé dans la partie centrale du réacteur entre deux couches de carborundum et de billes de verre.

3.3 Circuits d'analyse et de récupération d'effluents

A la sortie du réacteur, une vanne 6 voies (Valco) à commande pneumatique (7) permet d'effectuer des prélèvements à intervalles de temps réguliers et de les injecter en phase gazeuse dans un chromatographe Varian 3400. Les lignes vanne-réacteur et vanne-injecteur du chromatographe sont chauffées respectivement à 280°C et 250°C afin d'éviter toute condensation. Une cartouche chauffante plaquée contre le corps de la vanne permet de la maintenir à 250°C.

En sortie de vanne, les effluents sont récupérés dans un séparateur à double enveloppe refroidi par une circulation d'eau. Les liquides sont ensuite recueillis à la sortie du condenseur à l'aide d'une vanne de purge (8). Les gaz (H_2, H_2S, ...) sont envoyés vers un déverseur électronique Brooks 5866 (9) permettant de maintenir la pression dans le réacteur et de détendre les gaz à pression atmosphérique.

Avant d'être rejetés dans l'atmosphère, les effluents gazeux traversent un bain de soude (10) dans lequel H_2S est neutralisé.

4. TESTS CATALYTIQUES

4.1 Test d'hydrocraquage du n-décane

Dans un premier temps, le catalyseur est sulfuré par la charge réactionnelle n-décane – diméthyldisulfure – aniline. La sulfuration se fait avec injection de la charge et de l'hydrogène à température ambiante avec une montée en température de 0,4°C/minute jusqu'à 350°C, puis un palier de 6h à 350°C et enfin une rampe de 1°C/minute jusqu'à la température de test, soit 400°C. Les conditions de sulfuration et de test sont identiques :
- composition de la charge (% poids) : nC_{10} = 96,4%   DMDS = 2,9%   aniline = 0,7%
  soit 2% en poids de soufre et 0,1% en poids d'azote
- pression partielle au niveau du réacteur en MPa :
nC_{10} = 0,967 H_2S = 0,089 NH_3 = 0,01 H_2 = 4,84 CH_4 = 0,089   cyclohexane = 0,01
soit une pression totale de 6MPa
- rapport H_2/nC_{10} = 5 (molaire)
- PPH_{charge} =1,5 h^{-1} (standard) soit un temps de contact de 0,67h

Une fois la température de test atteinte, plusieurs temps de contact sont utilisés afin d'obtenir différentes valeurs de la conversion. En fin d'expérience, on effectue un point retour avec le temps de contact initial afin de vérifier que le catalyseur ne s'est pas désactivé.

4.2 Test d'activité isomérisante

La mesure de l'activité isomérisante est réalisée à partir du test d'isomérisation du cyclohexane. Ce test est effectué à la fin du test d'hydrocraquage du n-décane. Les conditions de ce test sont :
- composition de la charge : cyclohexane = 96,4%   DMDS= 2,9%   aniline = 0,7% soit 2% en poids de soufre et 0,1% en poids d'azote (conditions standard)
- pression totale : 6 MPa
- température : 400°C
- $P.P.H_{charge} = 1,5\ h^{-1}$ (standard) soit un temps de contact de 0,67 h
- rapport $H_2/HC = 5$

Ce test permet de mesurer l'activité isomérisante du catalyseur dans les conditions du test d'hydrocraquage du n-décane.

4.3 Test d'activité hydrogénante

L'activité hydrogénante est mesurée à partir du test d'hydrogénation du toluène. Ce test est réalisé à la fin du test d'hydrocraquage du n-décane dans les conditions suivantes :
- composition de la charge : toluène = 96,4%   DMDS = 2,9%   aniline = 0,7% soit 2% en poids de soufre et 0,1% en poids d'azote (conditions standard)
- pression totale : 6 MPa
- température : 400°C
- $P.P.H_{charge} = 1,5\ h^{-1}$ (standard) soit un temps de contact de 0,67 h
- rapport $H_2/HC = 5$

Ce test permet de mesurer l'activité hydrogénante du catalyseur dans des conditions du test d'hydrocraquage du n-décane.

5. ANALYSES CHROMATOGRAPHIQUES

5.1 Hydrocraquage du n-décane, isomérisation du cyclohexane et hydrogénation du toluène

Les produits de réaction sont analysés au moyen d'un chromatographe Varian 3400 équipé d'un détecteur à ionisation de flamme et d'une colonne capillaire Chrompack CPSil5 (longueur : 50m, diamètre interne : 0,22µm). Les conditions d'analyse pour les différentes réactions sont les suivantes :

- température de l'injecteur : 250°C
- température du détecteur : 250°C
- gaz vecteur : hydrogène, 15psi
- débit de by-pass : 300 cm^3/min
- la programmation du four en température est identique quels ques soient les réactifs.

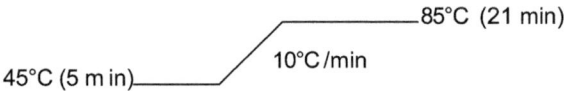

Le chromatographe est relié à un ordinateur équipé d'une carte d'acquisition des données Varian. Les données sont ensuite traitées en utilisant le logiciel "Station de travail STAR pour la chromatographie " version 4.5.

5.2 Les chromatogrammes

La figure 91 présente le chromatogramme d'analyse des produits d'hydrocraquage du n-décane, la figure 92 présente les produits de réaction d'isomérisation du cyclohexane et la figure 93 présente les produits de réaction d'hydrogénation du toluène.

Partie Expérimentale

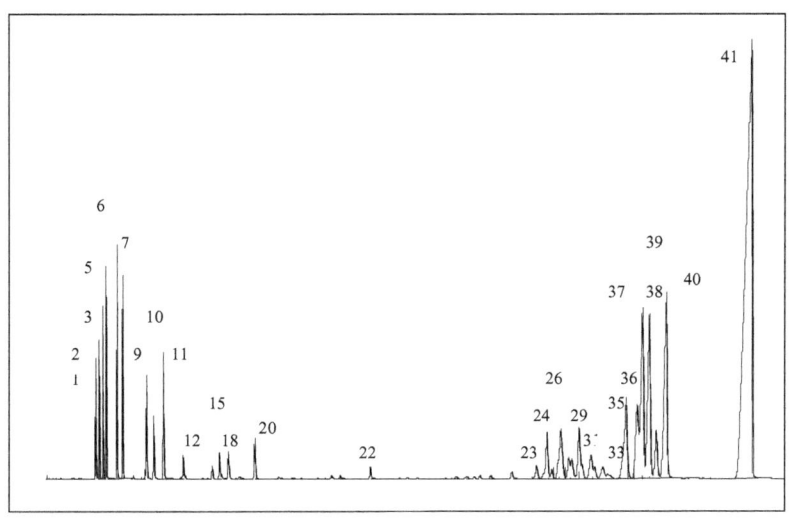

1- méthane	16- 2-méthylhexane	30- 3,3-diméthyloctane
2- éthane	17- 2,3-diméthylpentane	31- 3,4-diméthyloctane
3- propane	18- 3-méthylhexane	32- 3-méthyl, 4-éthylheptane
4- iso-butane	+ *diméthylcyclopentane*	33- 4,5-diméthyloctane
5- n-butane	19- 3-éthylpentane	34- 3,4,5-triméthylheptane
6- iso-pentane	20- n-heptane	35- 4-éthyloctane
7- n-pentane	21- *1,2-diméthylcyclopentane*	36- 5-méthylnonane
8- 2,3-diméthylbutane	22- n-octane	37- 4-méthylnonane
9- 2-méthylpentane	23- 2,2-diméthyloctane	38- 2-méthylnonane
10- 3-méthylpentane	24- 2,4-diméthyloctane	39- 3-éthyloctane
11- *n-hexane*	25- 4,4-diméthyloctane	40- 3-méthylnonane
12- 2,2-diméthylpentane	26- 2,5 et 3,5-diméthyloctane	41- n-décane
13- 2,4-diméthylpentane	27- 2,7-diméthyloctane	
14- 3,3-diméthylpentane	28- 3,6-diméthyloctane	
15- cyclohexane	29- 2,6-diméthyloctane	

- produits de transformation de l'aniline : *n-hexane, 1,2-diméthylcyclopentane*

Figure 91 : chromatogramme des produits d'hydrocraquage du n-décane

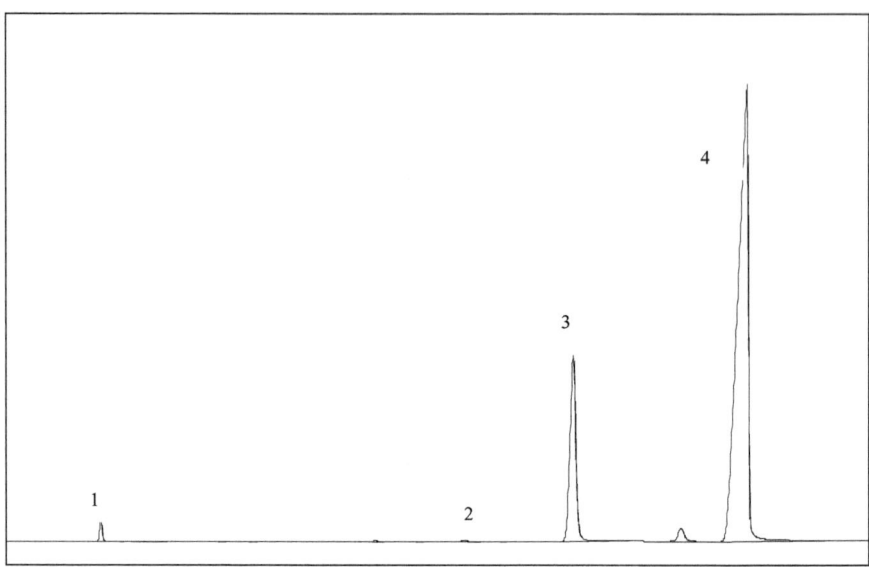

1- méthane
2- n-hexane
3- méthylcyclopentane
4- cyclohexane

Figure 92 : chromatogramme des produits d'isomérisation du cyclohexane

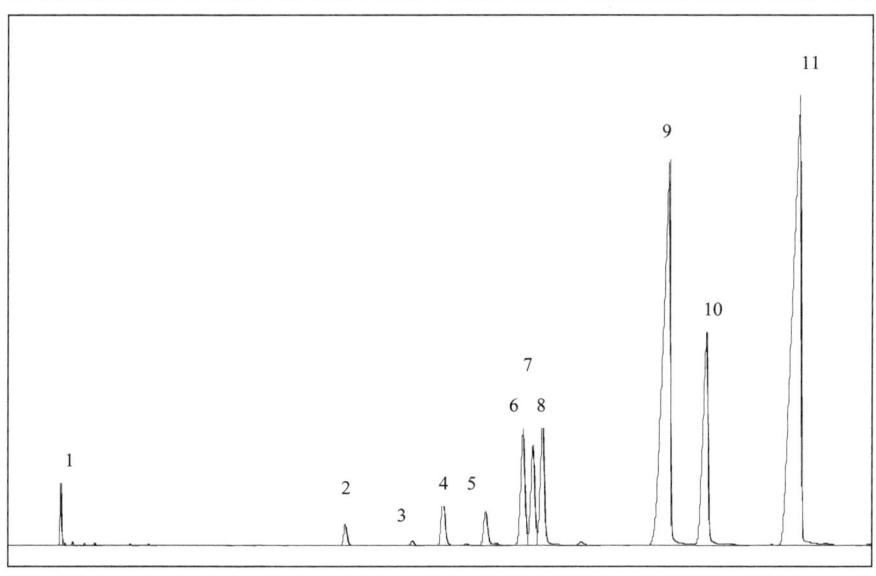

1- méthane	7- 1,3 diméthylcyclopentane trans
2- méthylcyclopentane	8- 1,2 diméthylcyclopentane cis
3- 3,3 diméthylpentane	9- méthylcyclohexane
4- cyclohexane	10- éthylcyclopentane
5- 3 méthylhexane	11- toluène
6- 1,3 diméthylcyclopentane cis	

Figure 93 : chromatogramme des produits d'hydrogénation du toluène

6. CARACTERISATION PHYSICO-CHIMIQUE

6.1 Mesure des surfaces et volume poreux

Les isothermes d'adsorption-désorption d'azote à -196°C ont été obtenus à l'aide d'un appareil Micromeritics Tristar 3000 par injection automatique d'azote. Les échantillons de supports ou de catalyseurs sont prétraités sous vide à 90°C pendant 1h puis à 350°C pendant 10h et sont ensuite maintenus à la température de l'azote liquide. L'injection automatique d'azote est assistée par un ordinateur couplé au Micromeritics. Soixante six mesures sont effectuées pour des pressions relatives d'azote variant de 0 à 1. On obtient ainsi des isothermes d'adsorption-désorption de la forme suivante :

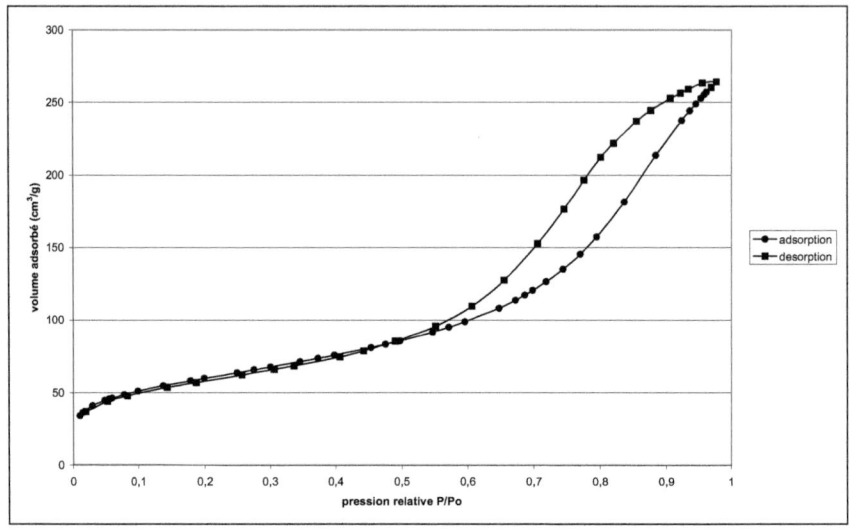

Figure 94 : isotherme d'adsorption désorption

Les calculs de la surface BET et du volume poreux sont effectués par le logiciel TRISTAR 3000 V6.04. La surface BET est calculée à partir de la droite $1/[Q(Po/P-1)] = f(P/Po)$. Le volume poreux total est déterminé à $P/Po = 0,97$.

6.2 Diffraction des Rayons X (DRX)

La diffraction des rayons X est utilisée afin d'accéder aux caractéristiques structurales des solides : structure cristalline, paramètre de maille et taille des cristallites. Le principe de la technique est de faire traverser l'échantillon par un faisceau de longueur d'onde λ qui se diffracte lorsque certaines conditions géométriques sont réunies. Ces conditions suivent la loi de Bragg :

$$\lambda = 2.d_{hkl}.\sin\theta$$

La diffraction peut être représentée comme un phénomène de réflexion sur les plans (hkl) éloignés les uns des autres d'une distance d_{hkl} (distance réticulaire). Seul les composés présentant un ordre à longue distance c'est à dire cristallisés, peuvent donc être étudiés par DRX.

Les mesures de diffractions des rayons X effectués sur les supports calcinés et steamés ont été réalisées à Poitiers sur un diffractomètre de poudre BRUKER AXS D5005 piloté par ordinateur. L'analyse des diffractogrammes s'effectue à l'aide du logiciel DRIFFAC-ACT.

La structure cristalline est identifiée par comparaison du diffractogramme expérimental avec ceux des solides référencés dans la base de données ICDD. Ainsi, la consultation des fiches ICDD donne toutes les informations liées à la structure cristalline du composé.

6.3 Microscopie Electronique à Transmission (MET)

La microscopie a été utilisé afin d'observer la morphologie et l'homogénéité des supports et des catalyseurs sulfurés. Les analyses ont été réalisées sur un microscope électronique nommé Tecnai de la société FEI. Les méthodes de préparations des échantillons ainsi que les analyses, sont différentes selon que l'on étudie les supports ou les catalyseurs sulfurés.

Les supports sont préalablement broyé, puis l'échantillon est obtenu en coupant un grain de support à l'ultra microtom. L'épaisseur des tranches de support étudiées est de 70 nm. Les zones étudiées en EDX, afin de déterminer les rapports Si/Al, sont réalisées sur un cylindre de 50 nm de diamètre et de 70 nm de hauteur, soit un volume étudié de $1,37.10^{-4}$ μm^3. 15 zones distinctes sont analysées par échantillon. Un échantillon est considéré comme homogène à l'échelle de $1,37.10^{-4}$ μm^3 si la dispersion des résultats Si/Al est inférieure à 20%. Un échantillon est considéré comme hétérogène à l'échelle de $1,75.10^{-4}$ μm^3 si la dispersion des résultats Si/Al est supérieure à 70-80%.

Les catalyseurs sulfurés sont broyés dans l'éthanol, puis le mélange passe aux ultrasons, une goutte est ensuite déposée sur un grille de cuivre et le tout est séché sous une lampe infra rouge. Les histogrammes, des distributions de la taille des feuillets et des empilements de ces feuillets, sont obtenus sur les mesures d'au moins 200 feuillets. Les analyses EDX réalisées sur les feuillets et les particules se font en condensant le faisceau sur la zone à analyser (feuillets ou particules). Le diamètre de la zone éclairée lors de ces analyses varie en fonction de la largeur des feuillets, donc environ 1 à 3nm. Une quinzaine d'analyse des feuillets est ainsi réalisé, environ cinq analyses de particules et quelques analyses du support.

6.4 Résonance Magnétique Nucléaire (RMN)

Cette technique a permis d'étudier les quantités de sites Al tétraédrique et Al octaédrique présents à la surface des supports. Les échantillons ont été analysés par RMN MQMAS de l'aluminium 27 à l'aide d'une sonde MQMAS 4 mm sur le spectromètre Avance 400 à l'Institut Français du Pétrole. La séquence d'impulsion utilisée est appelée "séquence z-filter " synchronisée sur la vitesse de rotation. La fréquence de rotation de l'échantillon est de 13 kHz.

6.5 Spectroscopie Infra-Rouge

6.5.1. Mesure de l'acidité par thermodésorption de pyridine suivie par IR

Cette technique a été utilisée afin d'étudier l'acidité des supports et des catalyseurs sous forme oxyde. Les supports et catalyseurs sous forme oxyde sont préalablement broyés puis pastillés à l'aide d'une presse hydraulique sous une pression de 1 à 1,5 t/cm^2. La pastille ainsi obtenu fait 16 mm de diamètre soit 2 cm^2 de surface. La pastille est ensuite placée dans la cellule IR et prétraitée sous air (débit de 60 ml/min) pendant 12 h à 450°C avec une montée en température de 2°C/min. Après refroidissement à 150°C l'échantillon est placé sous vide secondaire pendant une heure. Un premier spectre IR dans la région 1300 – 4000 cm^{-1}, est enregistré avec un spectromètre NICOLET 750 MAGNA-IR^{TM} à transformée de Fourrier.

L'injection de pyridine est réalisée à 150°C sous une pression de 2 mbar pendant 15 min. L'élimination de la totalité de la pyridine physisorbée est obtenue après prétraitement à 150°C pendant 1h sous vide secondaire. La thermodésorption de la pyridine est ensuite réalisée par paliers de 50°C (150, 200, 250, 300, 350, 400 et 450°C figure 95).

Le spectre obtenu après désorption à 150°C va permettre de mesurer l'acidité totale de Brönsted et de Lewis de l'échantillon. En effet en soustrayant de ce spectre le spectre obtenu après prétraitement, on obtient le spectre correspondant aux groupements hydroxyles capables de retenir la pyridine adsorbée à 150°C (figure 96), c'est à dire aux groupements OH acides.

Partie Expérimentale

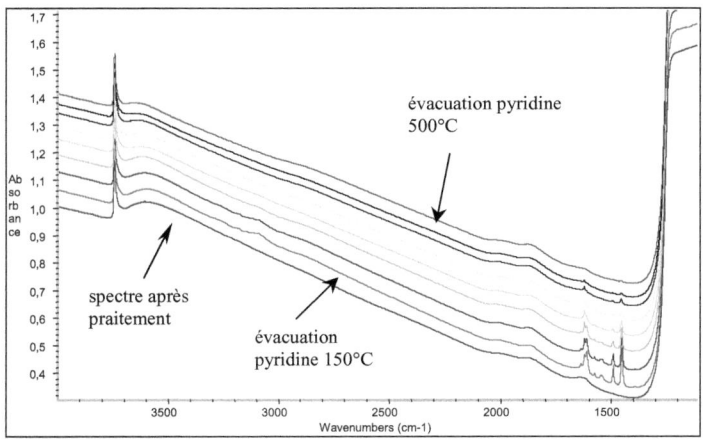

Figure 95 : spectre infra-rouge de thermodésorption de la pyridine

L'adsorption de pyridine permet de différencier les sites acides de Brönsted (bande pyridinium, PyH^+ à 1540 cm^{-1}) et les sites acides de Lewis (bande pyridine –Lewis, PyL à 1450 cm^{-1}). Les coefficients d'extinction molaire des bandes PyH^+ et PyL déterminés au laboratoire par ajout de quantités connues de pyridine sur des zéolithes ne présentant pas de sites acides de Lewis et sur alumine (pas de sites acides de Brönsted) sont respectivement 1,13 et 1,28 cm.µmol^{-1}. Les concentrations (Q) en sites acides de Brönsted et de Lewis exprimées en µmol par gramme de catalyseur peuvent être calculées à partir de la relation suivante :

$$Q = ((A*S_1/ \varepsilon*m) *1000)/S_2$$

A = aire des bandes IR en unité d'absorbance (cm^{-1})
S_1 = surface de la pastille (cm^2)
ε = coefficient d'extinction molaire (cm.µmol^{-1})
m = masse de la pastille (mg)
S_2 = surface du support ou du catalyseur en m^2/g

Le nombre total de sites acides de Brönsted et de Lewis est donc déterminé à l'aide du spectre de désorption de la pyridine à 150°C. Une comparaison de la force des sites acides peut être réalisée en comparant les quantités de sites acides retenant la pyridine aux différents paliers de température. Par thermodésorption de la base adsorbée, il est en effet possible d'évaluer les distributions en force des deux types de site, en suivant l'évolution des bandes caractéristiques en fonction de la température de désorption. Un site acide fort retiendra la pyridine à haute température, inversement un site acide faible ne retiendra la pyridine qu'à basse température.

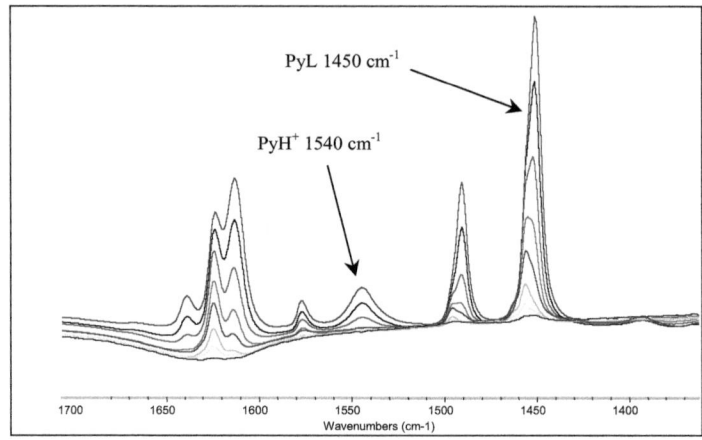

Figure 96 : spectre de soustraction

6.5.2. Caractérisation de l'acidité et de la phase sulfure par adsorption de CO à froid suivie par IR

Cette technique a permis d'étudier les catalyseurs sous forme sulfurées. Les échantillons de catalyseurs sulfurés sont tout d'abord broyés afin de former ensuite une pastille auto-supportée. Le broyage et le pastillage sont effectués sous atmosphère contrôlée d'argon en boite à gants afin d'éviter le contact de l'échantillon avec l'air et limiter sa réhydratation. La pastille est placée dans la cellule IR dans la boite à gants. La cellule IR est ensuite isolée et connectée au bâti d'IR (figure 97) puis mise sous vide afin de limiter les risques de pollution de l'échantillon.

L'adsorption de CO par pulse est réalisée à la température de l'azote liquide, envoyant dans la cellule IR des doses de CO successives. Les doses de CO sont calibrées dans un volume connu (4,82 cm^3) et avec une pression connue, ce qui permet de connaître les quantités de CO adsorbé. Les premiers pulses sont réalisés sous une pression de 1 mbar de CO dans 4,82 cm^3, puis la pression de CO augmente progressivement au cours de l'expérience pour atteindre 300 mbar en fin d'experience.

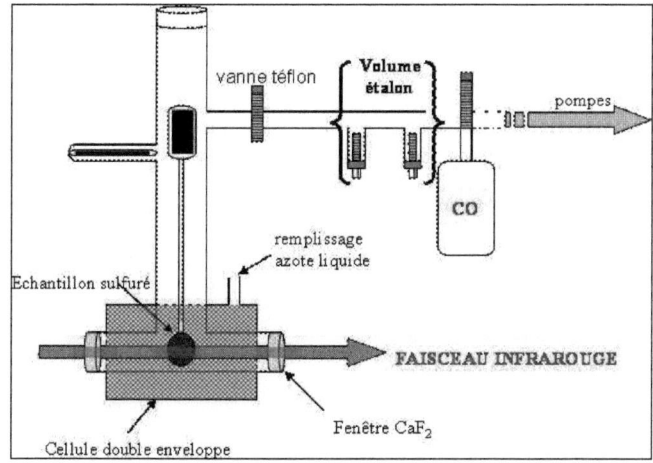

Figure 97 : schéma de la cellule infra-rouge d'adsorption de CO à froid

A partir du premier pulse de CO on observe l'apparition de bandes caractéristiques du CO en interaction avec la phase sulfure WS_2 à 2131 cm^{-1} (figure 98), ainsi qu'un épaulement vers 2107 cm^{-1} attribué à l'interaction du CO sur NiS.

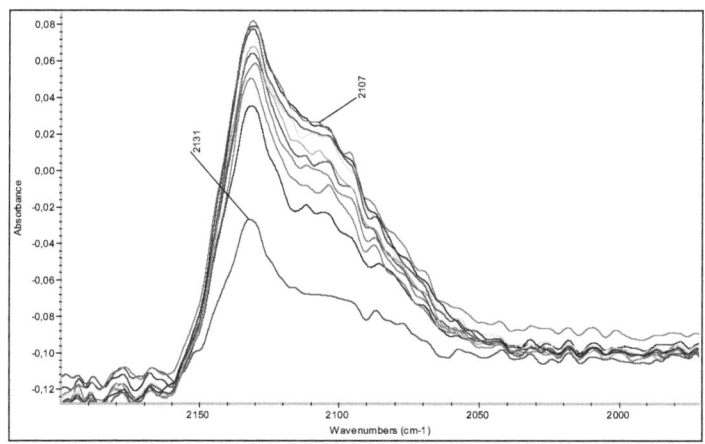

Figure 98 : spectre infra-rouge pulses de CO 1 à10

A partir du 16ème pulse on observe une bande caractéristique de l'interaction du CO avec les silanols à 2158 cm^{-1}. L'intensité de la bande attribuée au CO en interaction avec les silanols augmente avec la quantité de CO introduite alors que les bandes relatives au CO en interaction avec la phase sulfure saturent rapidement (figure 99).

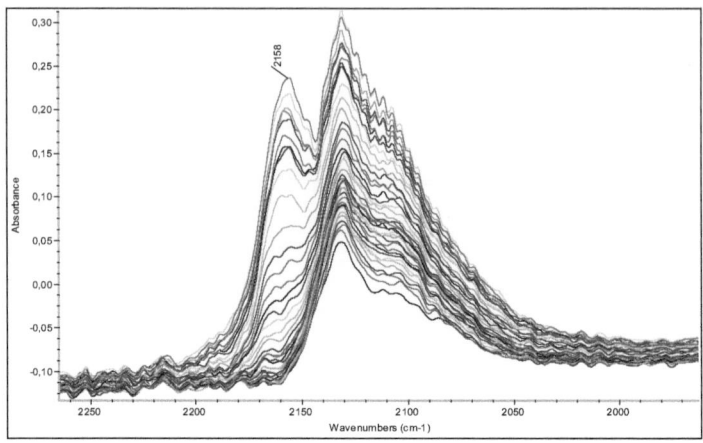

Figure 99 : spectre infra-rouge CO à froid

Le traitement des spectres obtenus se fait en mesurant l'aire liée aux sites de Brönsted et l'aire liée à la phase sulfure NiWS. L'aire liée à la phase sulfure est mesurée entre 1940 cm^{-1} et 2042 cm^{-1}, tandis que l'aire liée aux sites de Brönsted est mesurée entre 2042 cm^{-1} et 2180 cm^{-1}. Ces aires sont mesurées pour chaque pulse de CO envoyé et sont divisées par la masse de la pastille afin d'obtenir une mesure de l'aire par gramme. Les résultats obtenus permettent ensuite de tracer les courbes de l'évolution de l'aire de la phase sulfure et de l'aire liée aux sites de Brönsted par gramme en fonction de la quantité de CO introduite. A partir de ces courbes, on peut obtenir l'aire/g de l'aire liée à la phase sulfure et l'aire/g de la phase sulfure correspondant à la saturation des sites par le CO.

6.6 Spectroscopie Photoélectronique à Rayons X (XPS)

L'objectif des analyses XPS effectuées sur les catalyseurs sulfurés est d'étudier la composition de surface et de caractériser les formes chimiques présentes. La technique XPS analyse une profondeur de l'ordre de 5 à 10 nm sous la surface des échantillons. Ces analyses ont été réalisées à l'Institut Français du Pétrole à l'aide d'un spectromètre ESCA KRATOS Axis Ultra dans les conditions techniques et instrumentales suivantes :

- source X : monochromateur Al
- énergie d'excitation : 1486,6 eV
- surface d'analyse : 700*300 µm

- puissance d'excitation : 15kV * 10 mA
- énergie de passage : 40 eV

Les échantillons sont préalablement broyés et préparés en boite à gants sous atmosphère contrôlée en O_2 et H_2O.

6.7 Spectroscopie RAMAN

L'objectif des analyses par spectroscopie Raman est d'étudier la structure moléculaire de la phase oxyde NiW. Les catalyseurs ont été analysés à l'aide d'un spectromètre Raman LabRAM HR UV-Vis-NIR de Jobin Yvon. La longueur d'onde du laser excitateur est de 514nm. Le spectromètre est équipé d'un microscope confocal. Pour chaque acquisition, une zone de l'échantillon dont le diamètre est voisin de 2 µm est sondée. La puissance du rayonnement laser subi au niveau de l'échantillon est de l'ordre de 3,8 mW. Le spectre est enregistré entre 580 et 1100 cm^{-1}, avec une résolution de 0,5 cm^{-1}. Les échantillons, sous forme d'extrudés cylindriques, ont été sectionnés et l'analyse est effectuée perpendiculairement à la section générée. Au moins trois zones distinctes sont analysées par échantillon. Les catalyseurs sont analysés en contact avec l'air ambiant, sans prétraitement préalable.

6.7.1. Attribution des bandes des spectres Raman des catalyseurs calcinés

Les spectres Raman obtenus montrent une bande principale à 977 cm^{-1} et un épaulement large autour de 850 cm^{-1}. Ces bandes sont caractéristiques d'espèces tungstates polymériques, dispersées à la surface de l'alumine silicée. La bande à 977 cm^{-1} est attribuée aux modes d'élongation des liaisons W=O terminales et celle à 850 cm^{-1} aux élongations symétriques des ponts O-W-O. On constate également un fort fond de photoluminescence ("déviation " de la ligne de base) dans le cas du catalyseur NiW/C890.

6.7.2. Attribution des bandes des spectres Raman des catalyseurs steamés

Les spectres Raman des catalyseurs obtenus à partir de supports steamés à 600, 700 et 880°C sont analogues à ceux des catalyseurs calcinés. Ils mettent en évidence la présence en surface des alumines silicées d'espèces tungstates polymériques dispersées. En aucun cas on n'observe de photoluminescence. Par contre, la fréquence de la bande principale varie en fonction de la température de steaming : elle est en moyenne de 972 cm^{-1} pour une température de 600°C, de 966 cm^{-1} pour une température de 700°C et de 970 cm^{-1} pour une température de 880°C. De plus, de légères différences sont visibles au niveau des épaulements à 850 cm^{-1} : pour une température de steaming de 880°C, on observe un réel maximum autour de 850 cm^{-1} contre une décroissance continue à 600°C. Enfin, le catalyseur steamé à 700°C n'est pas spatialement homogène : sur certaines zones, une bande plus basse est observée (957 cm^{-1} contre 966 cm^{-1}). Ces différences démontrent que la structure des espèces tungstates supportées est différente d'un échantillon à un autre.

6.7.3. Attribution des bandes des spectres Raman des catalyseurs traités à la pyridine

Les analyses en spectroscopie Raman du catalyseurs NiW/S700 Py indiquent la présence de deux types de zones différentes. Les zones proches du bord de l'extrudé (à moins de 20 µm de la surface externe) ne présentent pas de fond de photoluminescence tandis que les zones proches du cœur présentent une bande large, centrée à 1340 cm^{-1}. Les bandes Raman observées traduisent principalement la présence de la pyridine. Les bandes à 638, 653, 1222, 1573 et 1606 cm^{-1} sont des modes de vibration de la pyridine, peu intenses en spectroscopie Raman. Dans les zones proches de la surface externe, on observe une bande de la pyridine à 1018 cm^{-1} qui correspond à des molécules de pyridine adsorbées sur les sites de Lewis. On n'observe pas de pyridine physisorbée (991 et 1034 cm^{-1}), ni de pyridine liée par liaison hydrogène (1002 cm^{-1}). La bande à 1047 cm^{-1} correspond aux ions nitrates et le massif entre 850 et 980 cm^{-1} avec un maximum à 976 cm^{-1} correspond aux espèces métatungstates $H_2W_{12}O_{40}$, déposées sur le support.

Dans les zones proches du cœur de l'extrudé, on observe toujours la bande des nitrates mais plus de bandes correspondant aux métatungstates. Pour la pyridine, en plus de la bande à 1018 cm^{-1} (pyridine adsorbée sur les sites de Lewis), on observe une bande à 1009 cm^{-1} qui correspond à des molécules de pyridine en interaction avec des sites acides de Brönsted.

Avec le catalyseur NiW/S700PyC, on retrouve une distinction marquée entre les zones proches du bord du catalyseur et celles au cœur de l'extrudé. Les bandes de pyridine ont disparu. Pour les zones proches du bord de l'extrudé, on remarque deux bandes intenses à 715 et 805 cm^{-1}. Elles correspondent à des particules d'oxyde de tungstène WO_3. Les bandes à 978 et 999 cm^{-1} correspondent à des espèces tungstates polymériques de surface dispersées. Ces zones présentent une très forte quantité de crystallites de WO$_3$.

Pour les zones proches du cœur, on ne distingue plus de bandes correspondant aux espèces tungstates de surface. De plus, on ne distingue pas de bande à 805 cm^{-1}, ce qui semble indiquer que dans ces zones, il n'y a pas ou peu de particules de WO$_3$.

ANNEXES

ANNEXE 1 : tableaux récapitulatifs des résultats obtenus sur les catalyseurs calcinés

catalyseur		NiW/C500	NiW/C730	NiWR
surface support m^2/g		440	396	304
surface catalyseur m^2/g		242	230	188
volume poreux catalyseur cm^3/g		0,418	0,424	0,378
%Al$_2$O$_3$		44	45,4	42,2
%SiO$_2$		29	30,5	28,5
%NiO		3	2,6	3,3
%WO$_3$		24	21,5	26
acidité totale	B micromol/m^2	0,099	0,137	0,138
	L micromol/m^2	0,603	0,407	0,681
activité HCQ 10^{-3} g/h.m^2		1	1,29	1,8
activité HCQ g/h.g		0,24	0,3	0,34
sélectivité 20%	M	81	83	81
	B	12	11	13
	C	7	6	6
	Cd	5	4	4
	Cb	2	2	2
	I/C	13,3	15,7	15,7
	M/B	6,8	7,5	6,2
sélectivité 50%	M	66	68	65
	B	17	19	18
	C	17	13	17
	Cd	10	7	9
	Cb	7	6	8
	I/C	4,9	6,7	4,9
	M/B	3,9	3,6	3,6
Activité hydrogénante 10^{-3} g/h/m^2		5,18	7,39	9,68
Activité hydrogénante g/h/g		1,43	1,7	1,82
Activité isomérisante 10^{-3} g/h/m^2		0,9	1,09	1,93
Activité isomérisante g/h/g		0,25	0,27	0,36

Tableau 19

catalyseur		NiW/C870	NiW/C1000	NiWR
surface support m^2/g		330	205	304
surface catalyseur m^2/g		213	154	188
volume poreux catalyseur cm^3/g		0,409	0,397	0,378
%Al_2O_3		46,7	51,6	42,2
%SiO_2		30,9	33,6	28,5
%NiO		2,5	1,6	3,3
%WO_3		19,9	13,2	26
acidité totale	B micromol/m^2	0,15	0,227	0,138
	L micromol/m^2	0,69	0,805	0,681
activité HCQ 10^{-3} g/h.m^2		1,91	2,27	1,8
activité HCQ g/h.g		0,41	0,35	0,34
sélectivité 20%	M	80	78	81
	B	13	14	13
	C	7	8	6
	Cd	5	6	4
	Cb	2	2	2
	I/C	13,3	11,5	15,7
	M/B	6,2	5,6	6,2
sélectivité 50%	M	62	67	65
	B	18	19	18
	C	20	14	17
	Cd	10	7	9
	Cb	10	7	8
	I/C	4,0	6,1	4,9
	M/B	3,4	3,5	3,6
Activité hydrogénante 10^{-3} g/h/m^2		7,29	8,31	9,68
Activité hydrogénante g/h/g		1,55	1,28	1,82
Activité isomérisante 10^{-3} g/h/m^2		1,16	1,75	1,93
Activité isomérisante g/h/g		0,32	0,27	0,36

Tableau 20

ANNEXE 2 : tableaux récapitulatifs des résultats obtenus sur les catalyseurs steamés

catalyseur		NiW/S600	NiW/S735
surface support m²/g		319	259
surface catalyseur m²/g		220	204
volume poreux catalyseur cm³/g		0,481	0,499
%Al$_2$O$_3$		47,4	49,5
%SiO$_2$		31,5	32,9
%NiO		2,3	2
%WO$_3$		18,8	15,6
acidité totale	B micromol/m²	0,155	0,147
	L micromol/m²	0,695	0,687
activité HCQ 10^{-3} g/h.m²		2,14	2,37
activité HCQ g/h.g		0,47	0,48
sélectivité 20%	M	82	81
	B	12	13
	C	6	6
	Cd	4	4
	Cb	2	2
	I/C	15,7	15,7
	M/B	6,8	6,2
sélectivité 50%	M	67	67
	B	19	19
	C	14	14
	Cd	7	7
	Cb	7	7
	I/C	6,1	6,1
	M/B	3,5	3,5
Activité hydrogénante 10^{-3} g/h/m²		7,86	7,6
Activité hydrogénante g/h/g		1,73	1,55
Activité isomérisante 10^{-3} g/h/m²		1,71	1,76
Activité isomérisante g/h/g		0,38	0,36

Tableau 21

catalyseur		NiW/S880	NiWR
surface support m^2/g		187	304
surface catalyseur m^2/g		152	188
volume poreux catalyseur cm^3/g		0,493	0,378
%Al$_2$O$_3$		51,9	42,2
%SiO$_2$		34,7	28,5
%NiO		1,5	3,3
%WO$_3$		11,9	26
acidité totale	B micromol/m^2	0,158	0,138
	L micromol/m^2	0,605	0,681
activité HCQ 10^{-3} g/h.m^2		2,68	1,8
activité HCQ g/h.g		0,41	0,34
sélectivité 20%	M	79	81
	B	14	13
	C	7	6
	Cd	5	4
	Cb	2	2
	I/C	13,3	15,7
	M/B	5,6	6,2
sélectivité 50%	M	66	65
	B	19	18
	C	15	17
	Cd	8	9
	Cb	7	8
	I/C	5,7	4,9
	M/B	3,5	3,6
Activité hydrogénante 10^{-3} g/h/m^2		7,83	9,68
Activité hydrogénante g/h/g		1,19	1,82
Activité isomérisante 10^{-3} g/h/m^2		1,84	1,93
Activité isomérisante g/h/g		0,28	0,36

Tableau 22

catalyseur		0,1NiW/S700	0,2NiW/S700	0,5NiW/S700
surface support m^2/g		316	298	257
surface catalyseur m^2/g		281	275	235
volume poreux catalyseur cm^3/g		0,632	0,604	0,56
teneur en W/nm^2		0,14	0,29	1
%Al$_2$O$_3$				54,3
%SiO$_2$				35,2
%NiO				1,2
%WO$_3$				9,3
acidité totale	B micromol/m^2	0,114		0,098
	L micromol/m^2	0,.39		0,349
activité HCQ 10^{-3} g/h.m^2		0,49	0,42	1,53
activité HCQ g/h.g		0,14	0,12	0,36
sélectivité 20%	M	62	69	76
	B	17	16	15
	C	21	15	9
	Cd	11	9	6
	Cb	10	6	3
	I/C	3,8	5,7	10,1
	M/B	3,6	4,3	5,1
sélectivité 50%	M			58
	B			19
	C			22
	Cd			11
	Cb			11
	I/C			3,5
	M/B			3,1
Activité hydrogénante 10^{-3} g/h/m^2		1,5	2,31	6,85
Activité hydrogénante g/h/g		0,42	0,64	1,35
Activité isomérisante 10^{-3} g/h/m^2		0,39	0,38	1,55
Activité isomérisante g/h/g		0,10	0,10	0,31

Tableau 23

catalyseur		1,25NiW/S700	NiW/S900
surface support m^2/g		259	176
surface catalyseur m^2/g		204	135
volume poreux catalyseur cm^3/g		0,449	0,411
teneur en W/nm^2		2,5	3,5
%Al_2O_3		47,8	49,6
%SiO_2		31,2	32,2
%NiO		2,3	2,3
%WO_3		18,7	18,1
acidité totale	B micromol/m^2	0,111	0,141
	L micromol/m^2	0,505	0,533
activité HCQ 10^{-3} g/h.m^2		2,08	3,49
activité HCQ g/h.g		0,41	0,47
sélectivité 20%	M	78	81
	B	14	13
	C	8	6
	Cd	5	4
	Cb	3	2
	I/C	11,5	15,7
	M/B	5,6	6,2
sélectivité 50%	M	63	38
	B	18	19
	C	19	13
	Cd	10	7
	Cb	9	6
	I/C	4,3	6,7
	M/B	3,5	3,6
Activité hydrogénante 10^{-3} g/h/m^2		6,72	10,5
Activité hydrogénante g/h/g		1,33	1,42
Activité isomérisante 10^{-3} g/h/m^2		2,03	2,7
Activité isomérisante g/h/g		0,40	0,36

Tableau 24

ANNEXE 3 : tableaux récapitulatifs des résultats obtenus sur les catalyseurs traités à la pyridine

catalyseur		NiW/C730	NiW/C730 PyC	NiW/C730 Py
référence IFP		41597	46563	46564
surface support m^2/g		396	353	353
surface catalyseur m^2/g		230	255	246
volume poreux cm^3/g		0,424	0,437	0,473
teneur NiO %		2,6	2,8	2,8
teneur WO_3 %		21,5	20,7	21,6
acidité totale	B micromol/m^2	0,300		
	L micromol/m^2	0,626		
force acide T°C		300		
activité HCQ 10^{-3} g/h/m^2		1,29	0,91	1,4
activité HCQ g/h/g		0,3	0,23	0,34
sélectivité 20%	M	83	75	78
	B	11	13	12
	C	6	12	10
	Cd	4	8	6
	Cb	2	4	4
	I/C	15,7	7,3	9,0
	M/B	7,5	5,8	6,5
sélectivité 50%	M	68	62	66
	B	19	21	17
	C	13	17	17
	Cd	7	9	9
	Cb	6	8	8
	I/C	6,7	4,9	4,9
	M/B	3,6	3,0	3,9
Activité hydrogénante 10^{-3} g/h/m^2		7,39	4,31	3,94
Activité hydrogénante g/h/g		1,7	1,11	0,97
Activité isomérisante 10^{-3} g/h/m^2		1,09	0,73	0,91
Activité isomérisante g/h/g		0,26	0,19	0,22

Tableau 25

catalyseur		NiW/C730	NiW/C750 Pyc	NiW/C750 Py
référence IFP		41597	48752	48751
surface support m^2/g		396	387	387
surface catalyseur m^2/g		230	260	274
volume poreux cm^3/g		0,424	0,464	0,429
teneur NiO %		2,6	2,8	2,8
teneur WO_3 %		21,5	20,3	20,1
acidité totale	B micromol/m^2	0,300		
	L micromol/m^2	0,626		
force acide T°C		300		
activité HCQ 10^{-3} g/h/m^2		1,29	1	1,41
activité HCQ g/h/g		0,3	0,26	0,38
sélectivité 20%	M	83	78	81
	B	11	13	11
	C	6	9	8
	Cd	4	6	5
	Cb	2	3	3
	I/C	15,7	10,1	11,5
	M/B	7,5	6,0	7,4
sélectivité 50%	M	68	69	66
	B	19	17	17
	C	13	14	17
	Cd	7	8	9
	Cb	6	6	8
	I/C	6,7	6,1	4,9
	M/B	3,6	4,1	3,9
Activité hydrogénante 10^{-3} g/h/m^2		7,39		
Activité hydrogénante g/h/g		1,7		
Activité isomérisante 10^{-3} g/h/m^2		1,09		
Activité isomérisante g/h/g		0,26		

Tableau 26

catalyseur		NiW/S700	NiW/S710PyC	NiW/S710 Py
référence IFP			48742	48741
surface support m^2/g		303	286	286
surface catalyseur m^2/g		221	228	194
volume poreux cm^3/g		0,495	0,507	0,431
teneur NiO %		2,5	2,3	2,3
teneur WO_3 %		18,4	17,3	17,7
acidité totale	B micromol/m^2	0,186		
	L micromol/m^2	0,633		
force acide T°C		350		
activité HCQ 10^{-3} g/h/m^2		1,7	0,85	1,58
activité HCQ g/h/g		0,37	0,19	0,31
sélectivité 20%	M	77	71	75
	B	14	15	14
	C	9	14	11
	Cd	6	8	7
	Cb	3	6	4
	I/C	10,1	6,1	8,1
	M/B	5,5	4,7	5,4
sélectivité 50%	M	60		55
	B	16		16
	C	24		29
	Cd	12		15
	Cb	12		14
	I/C	3,2		2,4
	M/B	3,8		3,4
Activité hydrogénante 10^{-3} g/h/m^2		5	3,29	3,3
Activité hydrogénante g/h/g		1,1	0,75	0,64
Activité isomérisante 10^{-3} g/h/m^2		1,33	0,86	1,08
Activité isomérisante g/h/g		0,29	0,20	0,20

Tableau 27

ANNEXE 4 : tableaux récapitulatifs des résultats obtenus sur les catalyseurs traités par dépôt de silicium

support		NiW/Al2O3 ref	NiW/AlSi2%
référence IFP		46565	46557
% Silicium		0	1,96
% NiO		1,7	1,6
%WO$_3$		13,6	12,7
%Al$_2$O$_3$		84,8	81,5
%SiO$_2$		0	4,2
surface support m^2/g		215	205
surface catalyseur m^2/g		189	182
volume poreux cm^3/g		0,464	0,441
acidité totale	B micromol/m^2	0	0,055
	L micromol/m^2	1,418	0,544
force acide T°C			300
activité HCQ 10^{-3} g/h/m^2		0,06	0,21
activité HCQ g/h/g		0,01	0,04
conversion maxi %		4,6	11,9
sélectivité 10%	M	46	73
	B	0	4
	C	54	23
	Cd	54	21
	Cb	0	2
	I/C	0,9	3,3
	M/B	0,0	18,3
sélectivité 20%	M		
	B		
	C		
	Cd		
	Cb		
	I/C		
	M/B		
Activité hydrogénante 10^{-3} g/h/m^2		2,5	4,98
Activité hydrogénante g/h/g		0,47	0,91
Activité isomérisante 10^{-3} g/h/m^2		0,02	0,18
Activité isomérisante g/h/g		0,01	0,03

Tableau 28 : tableau récapitulatif des résultats obtenus sur la création de sites acides par dépôt de silicium

support		NiW/AlSi4%	NiW/AlSi6%	NiW/AlSi8%
référence IFP		46558	46559	46560
% Silicium		3,09	4,42	5,47
% NiO		1,5	1,6	1,4
%WO_3		12	12,3	11,2
%Al_2O_3		80,1	77,4	75,5
%SiO_2		6,4	8,8	11,9
surface support m^2/g		198	199	181
surface catalyseur m^2/g		176	163	163
volume poreux cm^3/g		0,433	0,396	0,371
acidité totale	B micromol/m^2	0,097	0,098	0,172
	L micromol/m^2	0,847	0,521	0,718
force acide T°C		300	300	350
activité HCQ 10^{-3} g/h/m^2		0,55	1,03	0,94
activité HCQ g/h/g		0,10	0,17	0,15
conversion maxi %		27,6	40,8	39,4
sélectivité 10%	M	84	86	85
	B	6	7	9
	C	10	7	6
	Cd	9	6	5
	Cb	1	1	1
	I/C	9,0	13,3	15,7
	M/B	14,0	12,3	9,4
sélectivité 20%	M	80	80	79
	B	8	10	12
	C	12	10	9
	Cd	10	8	7
	Cb	2	2	2
	I/C	7,3	9,0	10,1
	M/B	10	8,0	6,6
Activité hydrogénante 10^{-3} g/h/m^2		5,89	7,72	5,7
Activité hydrogénante g/h/g		1,04	1,26	0,93
Activité isomérisante 10^{-3} g/h/m^2		0,49	0,96	1,09
Activité isomérisante g/h/g		0,09	0,16	0,18

Tableau 29 : tableau récapitulatif des résultats obtenus sur la création de sites acides par dépôt de silicium

support	NiW/Al2O3+Si	NiW/Al2O3+2Si
référence IFP	48746	48747
% Silicium		
% NiO	1,6	1,5
%WO$_3$	13	12,7
%Al$_2$O$_3$	82,6	79,3
%SiO$_2$	2,9	6,5
surface support m^2/g	205	205
surface catalyseur m^2/g	187	191
volume poreux cm^3/g	0,440	0,405
acidité totale — B micromol/m^2		
acidité totale — L micromol/m^2		
force acide T°C		
activité HCQ 10^{-3} g/h/m^2	0,19	0,32
activité HCQ g/h/g	0,03	0,06
conversion maxi %	9,89	19,4
sélectivité 10% — M	69	81
sélectivité 10% — B	4	7
sélectivité 10% — C	27	12
sélectivité 10% — Cd	26	11
sélectivité 10% — Cb	1	1
sélectivité 10% — I/C	2,7	7,3
sélectivité 10% — M/B	17,3	11,6
sélectivité 20% — M		76
sélectivité 20% — B		10
sélectivité 20% — C		14
sélectivité 20% — Cd		12
sélectivité 20% — Cb		2
sélectivité 20% — I/C		6,1
sélectivité 20% — M/B		7,6
Activité hydrogénante 10^{-3} g/h/m^2	3,02	3,23
Activité hydrogénante g/h/g	0,60	0,62
Activité isomérisante 10^{-3} g/h/m^2	0,11	0,31
Activité isomérisante g/h/g	0,02	0,06

Tableau 30 : tableau récapitulatif des résultats obtenus sur la création de sites acides par dépôt de silicium

catalyseur		NiW/S700	NiW/S700+Si
surface support m^2/g		303	307
surface catalyseur m^2/g		221	235
% NiO		2,5	2,3
% WO_3		18,4	16,8
% Al_2O_3		47,7	46,8
% SiO_2		31,3	34,2
volume poreux cm^3/g		0,495	0,455
acidité totale	B micromol/m^2	0,186	0,23
	L micromol/m^2	0,633	0,651
force acide T°C		350	350
activité HCQ 10^{-3} g/h/m^2		1,8	1,8
activité HCQ g/h.g		0,40	0,42
sélectivité 20%	M	77	78
	B	14	14
	C	9	8
	Cd	6	5
	Cb	3	3
	I/C	10,1	11,5
	M/B	5,5	5,6
sélectivité 50%	M	60	64
	B	16	14
	C	24	22
	Cd	12	11
	Cb	12	11
	I/C	3,2	3,5
	M/B	3,8	4,6
Activité hydrogénante 10^{-3} g/h/m^2		5	5,35
Activité hydrogénante g/h/g		1,1	1,28
Activité isomérisante 10^{-3} g/h/m^2		1,33	1,57
Activité isomérisante g/h/g		0,29	0,37

Tableau 31 : tableau récapitulatif des résultats obtenus sur la création de sites acides par dépôt de silicium

catalyseur		NiW/S700+2Si	NiW/S700+3Si
surface support m²/g		307	297
surface catalyseur m²/g		228	239
% NiO		2,2	2,1
% WO_3		15,7	15,8
% Al_2O_3		45,3	43,3
% SiO_2		36,8	38,9
volume poreux cm³/g		0,412	0,383
acidité totale	B micromol/m²	0,206	0,159
	L micromol/m²	0,601	0,469
force acide T°C		350	350
activité HCQ 10^{-3} g/h/m²		1,7	1,7
activité HCQ g/h.g		0,39	0,41
sélectivité 20%	M	75	76
	B	15	15
	C	10	9
	Cd	6	5
	Cb	4	4
	I/C	9,0	10,1
	M/B	5,0	5,1
sélectivité 50%	M	56	56
	B	19	19
	C	25	25
	Cd	12	12
	Cb	13	13
	I/C	3,0	3,0
	M/B	2,9	2,9
Activité hydrogénante 10^{-3} g/h/m²		5,66	5,72
Activité hydrogénante g/h/g		1,29	1,36
Activité isomérisante 10^{-3} g/h/m²		1,52	1,5
Activité isomérisante g/h/g		0,35	0,34

Tableau 32 : tableau récapitulatif des résultats obtenus sur la création de sites acides par dépôt de silicium

ANNEXE 5 : Tableaux récapitulatifs des résultats des analyses XPS

	NiW/C500	NiW/C870	NiW/C1000	NiW/S600	NiW/S735	NiW/S880
Ni	2	1,5	1,3	1,55	1,1	0,85
W	10,2	7,4	5,45	6,8	4,95	4,05
S	3,6	2,65	2,1	2,65	1,85	1,5
Si	14,9	14,9	15,2	15,8	16,3	16,55
Al	25,3	27,25	29,05	26,8	27,75	29,45
C	3,5	5,3	4,75	5	4,6	3,7
O	40,5	41	42,15	41,4	43,45	43,9
Si/Al	0,59	0,55	0,53	0,59	0,59	0,56
Al/Ni	12,65	18,1	22,3	17,3	25,2	34,6
Ni/W	0,20	0,20	0,24	0,23	0,22	0,21

	NiW/S710+Py	NiW/S710PyC
Ni	1,1	1,95
W	7,6	7,85
S	2,65	2,75
Si	15,95	15,45
Al	27	26,4
C	3,6	3,6
O	42,1	42
Si/Al	0,59	0,56
Al/Ni	24,5	29,2
Ni/W	0,14	0,25

Tableau 33 : analyses quantitatives globales (%massique)

	NiW/C500	NiW/C870	NiW/C1000	NiW/S600	NiW/S735	NiW/S880
Ni total	0,75	0,55	0,48	0,57	0,41	0,32
% NiAl2O4	1	9	10	1	10	14
%NiS	84	77	70	83	64	68
%Ni réduit	0	0	12	0	15	6
%NiWS	15	14	8	16	11	12

	NiW/S710+Py	NiW/S710PyC
Ni total	0,41	0,73
% NiAl2O4	4	19
%NiS	82	50
%Ni réduit	0	26
%NiWS	14	5

Tableau 34 : décomposition du spectre du nickel

	NiW/C500	NiW/C870	NiW/C1000	NiW/S600	NiW/S735	NiW/S880
W total	1,2	0,87	0,64	0,8	0,58	0,48
%WO3	21	26	18	16	20	16
%WS2	72	66	77	72	73	74
%W5+	7	8	5	12	7	10

	NiW/S710+Py	NiW/S710PyC
W total	0,89	0,93
%WO3	15	18
%WS2	80	76
%W5+	5	6

Tableau 35 : décomposition du spectre du tungstène

	NiW/C500	NiW/C870	NiW/C1000	NiW/S600	NiW/S735	NiW/S880
S total	2,39	1,76	1,4	1,76	1,23	1
% sulfures	94	93	93	94	93	90
% oxysulfure	6	7	7	6	7	10
TSG%	76	77	80	81	78	78

	NiW/S710+Py	NiW/S710PyC
S total	1,76	1,9
% sulfures	98	93
% oxysulfure	2	7
TSG%	80	74

Tableau 36 : décomposition du spectre du soufre

Références Bibliographiques

Références Bibliographiques

---

[1] R. Perrin et J.P. Scharff
Chimie Industrielle, Ed. Masson, vol. 2 (1993).

[2] H. Gary and G.E. Handwerk
"Petroleum Refining, Technologiy and Economics ", Third Edition, Ed. M. Dekker (1994).

[3] P. Wuithier
"Le pétrole, Raffinage et Génie chimique ", Ed. Technip., Tome I (1972).

[4] P. Dufresne, P.H. Bigeard and A. Billon
Catalysis Today, 1, (1987) 367-384

[5] A. Hennico, A. Billon, P.H. Bigeard et J.P. Peries
Revue de l'Institut Français du Pétrole, vol. 48, n°2, mars-avril (1993).

[6] L. Lin, D. Liang, Q. Wang and G. Cai
Catalysis Today, 51 (1999) 59-72

[7] I. Cisneros
Thèse, Poitiers (1999)

[8] A. Leonard, S. Suzuki, J. J. Fripiat, C. De Kimpe
Journal of Physical Chemistry, 68 (1964) 2608-2617

[9] J. J. Fripiat, A. Leonard, J. B. Uytterhoeven
Journal of Physical Chemistry, 69 (1965) 3274-3279

[10] K. H. Bourne, F. R. Cannings, R. C. Pitkethly
Journal of Physical Chemistry, 74 (1969) 2197-2205

[11] K. Tanabe
Solid acids and bases, Academic press (1970) 58-66

[12] A. Corma, A. Martinez, S. Pergher, S. Peratello, C. Perego, G. Bellusi
Applied Catalysis, 152 (1997) 107-125

[13] V. Calemma, S. Peratello, C. Perego
Applierd catalysis, 190 (2000) 207-218

[14] M. Roussel, J. L. Lemberton, M. Guisnet, T. Cseri, E. Benazzi
Journal of Catalysis, 218 (2003) 427-437

[15] Y.Rezgui, M. Guemini
Applied Catalysis A, 282 (2005) 45-53

[16] US 4013590, US 4013589

[17] B. Beguin, E. Garbowski, M. Primet
Journal of Catalysis, 127 (1991) 595-604

[18] E. Finnochio, G. Busca, S. Rossini, U. Cornaro, V. Piccoli, R. Miglio
Catalysis Today, 33 (1997) 335-352

[19] W. Daniell, U. Schubert, R. Glöcker, A. Meyer, K. Noweck, H. Knözinger
Applied Catalysis, 196 (2000) 247-260

[20] S. Sato, M. Toita, T. Sodesawa and F. Nozaki
Applied Catalysis, 62 (1990) 73-84

[21] T.C. Sheng, I.D. Gay
Journal of Catalysis, 145 (1994) 10-15

[22] T.C. Sheng, S. Lang, B.A. Morrow, I.D. Gay
Journal of Catalysis, 148 (1994) 341-347

[23] M. Trombetta, G. Busca, S. Rossini, V. Piccoli, U. Cornaro, A. Guercio, R. Catani and R.J. Willey
Journal of Catalysis, 179 (1998) 581-596

[24] G. Crepeau
Thèse, Caen (2002)

[25] P.J. Magnus, A. Bos and J.A. Moulijn
journal of Catalysis, 146 (1994) 437-448

[26] B. Scheffer, P. Molhoek and J.A. Moulijn
Applied Catalysis, 46 (1989) 11-30

[27] B. Scheffer, P.J. Magnus and J.A. Moulijn
Journal of Catalysis, 121 (1990) 18-30

[28] H.R. Reinhoudt, A.D. Van Langeveld, P.J. Kooyman, R.M. Stochmann, R. Prins, H.W. Zandbergen and J.A. Moulijn
Journal of Catalysis, 179 (1998) 443-450

[29] H.R. Reinhoudt, E. Crezee, A.D. Van Langeveld, P.J. Kooyman, J.A.R. Van Veen and J.A. Moulijn
Journal of Catalysis, 196 (2000) 315-329

[30] Y. Van der Meer, E.J.M. Hensen, J.A.R. Van Veen and A.M. Van der Kraan
Journal of Catalysis, 228 (2004) 433-446

[31] H.R. Reinhoudt, R. Troost, A.D. Van Langeveld, J.A.R. Van Veen, S.T. Sie, and J.A. Moulijn
Journal of Catalysis, 203 (2001) 509-515

[32] M. Breysse, M. Cattenot, T. Decamp, R. Frety, C. Gachet, M. Lacroix, C. Leclercq, L. Mourgues, J.L. Portefaix, M. Vrinat, M. Houari, J. Grimblot, S. Kastelan, J.P. Bonnelle, S. Housni, J. Bachelier, J.C. Duchet
Catalysis Today, 4 (1988) 39-55

[33] Donghua Zuo, Michel. Vrinat Hong. Nie, Françoise Maugé, Yahua Shi, Michel Lacroix and Dadong Li
Catalysis Today, 93-95 (2004) 751-760

[34] M. Karroua, P. Grange, B. Delmon
Applied Catalysis, 50, (1989), L5-L10

[35] I. Alstrup, I. Chorkendorf, R. Candia, B.S. Clausen, H. Topsoe
Journal of Catalysis, 77, (1982), 397-409

[36] C. Wivel, R. Candia, B.S. Clausen, S. Morup, H. Topsoe
Journal of Catalysis, 68, (1981), 453-463

[37] T. Cseri, F. Bocquet
Rapport IFP, décembre 2000

[38] Information IFP

[39] D.M. Drouwere
Rec.trav.Chem., 87, (1983), 1435.

[40] F. Chevalier, M. Guisnet, R. Maurel
Proc. 6th Int.Cong.Catal., G.C. Bond et al. Eds., The Chem.Soc., London 1 (1977), 478.

[41] M.L. Poutsma
"Zeolithe Chemistry an Catalysis ", J.A. Rabo Eds., ACS Monograph 171, (1977), 478

[42] G. Giannetto
Thèse, Poitiers (1985)

[43] A. Montes
Thèse, Poitiers (1987)

Oui, je veux morebooks!

I want morebooks!

Buy your books fast and straightforward online - at one of the world's fastest growing online book stores! Environmentally sound due to Print-on-Demand technologies.

Buy your books online at

www.get-morebooks.com

Achetez vos livres en ligne, vite et bien, sur l'une des librairies en ligne les plus performantes au monde!
En protégeant nos ressources et notre environnement grâce à l'impression à la demande.

La librairie en ligne pour acheter plus vite

www.morebooks.fr

OmniScriptum Marketing DEU GmbH
Heinrich-Böcking-Str. 6-8
D - 66121 Saarbrücken

Telefax: +49 681 93 81 567-9

info@omniscriptum.de
www.omniscriptum.de

Printed by Books on Demand GmbH, Norderstedt / Germany